Edmond Goskolli

Avaliação geotécnica de um depósito de níquel

Edmond Goskolli

Avaliação geotécnica de um depósito de níquel

no distrito de Devolli, Albânia

ScienciaScripts

Imprint
Any brand names and product names mentioned in this book are subject to trademark, brand or patent protection and are trademarks or registered trademarks of their respective holders. The use of brand names, product names, common names, trade names, product descriptions etc. even without a particular marking in this work is in no way to be construed to mean that such names may be regarded as unrestricted in respect of trademark and brand protection legislation and could thus be used by anyone.

Cover image: www.ingimage.com

This book is a translation from the original published under ISBN 978-3-330-35176-9.

Publisher:
Sciencia Scripts
is a trademark of
Dodo Books Indian Ocean Ltd. and OmniScriptum S.R.L publishing group

120 High Road, East Finchley, London, N2 9ED, United Kingdom
Str. Armeneasca 28/1, office 1, Chisinau MD-2012, Republic of Moldova, Europe
Printed at: see last page
ISBN: 978-620-7-62765-3

ÍNDICE DE CONTEÚDOS

CAPÍTULO 1

INTRODUÇÃO

Existem várias doenças que afectam a cavidade oral. A cárie dentária e a doença periodontal são provavelmente as doenças mais comuns no mundo. Embora a cárie tenha afetado os seres humanos desde os tempos pré-históricos, a prevalência desta doença aumentou muito nos tempos modernos. O custo da cárie é enorme. A cárie também resulta em custos intangíveis significativos sob a forma de dor, sofrimento e defeitos cosméticos. A investigação sobre a cárie ainda está incompleta, mas a etiologia e a patogénese são bem compreendidas, pelo que a cárie pode ser totalmente prevenida em pessoas motivadas.[1]

O termo cárie dentária é utilizado para descrever os resultados - sinais e sintomas da superfície dentária causados por eventos metabólicos que ocorrem no biofilme que cobre a área afetada.

A cárie é uma doença induzida por bactérias e de desenvolvimento lento nos tecidos duros dentários. A doença é causada pela placa cariogénica, na qual alguns microrganismos segregam ácidos fracos quando metabolizam hidratos de carbono. Os ácidos dissolvem gradualmente o mineral subjacente, tanto à superfície como a nível subsuperficial, o que provoca alterações estruturais irreversíveis nos tecidos duros dentários. No início da cárie dentária, há perda de estrutura mineral da superfície do dente e, quando a perda cumulativa de mineral é de tal magnitude que a porosidade do esmalte diminui, há uma diminuição da translucidez do esmalte e, por conseguinte, manifesta-se como uma mancha branca.[2]

A iniciação da cárie começa com a dissolução direta dos cristais na superfície do esmalte. Um desafio cariogénico adicional leva a um aumento da dissolução superficial e a uma dissolução subsuperficial preferencial. Ambas as condições alteram o comportamento ótico do esmalte afetado. O resultado é que o esmalte se torna opaco (a nível macroscópico), porque o esmalte poroso dispersa mais a luz do que o esmalte sólido. Devido ao facto de o índice de refração do ar ser diferente do da água e do da hidroxiapatite, é possível deduzir que uma lesão que requer secagem ao ar se torna visível sem ser seca ao ar. Isto resulta no que é conhecido como lesão de mancha branca.[3]

Termos como cárie precoce do esmalte, lesão incipiente, desmineralização e lesão não cavitada são sinónimos de lesões precárias. Esta lesão representa uma fase inicial na progressão da cárie, quando a remineralização é possível. As lesões de esmalte não cavitadas retêm a maior parte da estrutura cristalina original que serve como agente nucleador para a remineralização. Na boca, uma lesão remineralizada aparece como uma mancha castanha ou descolorida. Estas áreas descoloradas e remineralizadas são, portanto, mais resistentes ao ataque subsequente de cáries do que o esmalte adjacente não afetado.[4]

Foi demonstrado que o diagnóstico de cárie ao nível da cavitação resulta numa subestimação significativa da experiência real de cárie nas populações. No passado, os registos de lesões de cárie não cavitadas foram deliberadamente evitados devido à crença de que não é possível obter um diagnóstico fiável das fases de pré-cavitação da cárie.

Durante décadas, as lesões de cárie foram classificadas de acordo com critérios físicos simples, tais como a localização, o tamanho, a presença/ausência de cavitação ou a profundidade de penetração, embora tais características clínicas possam ter sido significativas numa altura em que o resultado mais provável da cárie era a destruição progressiva do dente.[5] Os critérios especificados pelo serviço de saúde pública dos EUA são os seguintes:

1) Amolecimento na base da fossa ou fissura.
2) Opacidade à volta da fossa ou fissura, indicando minagem
3) Esmalte amolecido que pode ser descamado pelo explorador.

Mas estes critérios podem já não ser suficientes para refletir as mudanças subtis na cárie na população moderna com uma baixa taxa de progressão da cárie.[4]

O provérbio "perfurar para preencher" é utilizado por alguns para descrever a medicina dentária quando as restaurações são consideradas a principal opção de tratamento. Embora este método seja eficaz na eliminação da lesão cariosa, também resulta na perda permanente e no enfraquecimento estrutural da estrutura dentária. Um procedimento tão invasivo inclui a possibilidade de cárie recorrente ou falha da restauração, levando a uma maior remoção da estrutura dentária. Atualmente, sabemos que a cárie dentária é um processo progressivo que, nas suas fases iniciais, pode ser revertido através da remineralização.[5]

Assim, a fim de refletir a natureza dinâmica da cárie, as revisões actuais recomendam que os critérios de diagnóstico façam distinções no estado de atividade das lesões.[4]

Existe um consenso entre os investigadores de que a compreensão do processo de cárie progrediu muito para além do ponto de restringir a evidência da cárie dentária ao nível da cavitação envolvendo o esmalte ou tanto o esmalte como a dentina. Se os métodos de deteção forem suficientemente precisos e objectivos, a doença pode ser seguida ao longo do tempo e a taxa de progressão pode ser medida.

Foram propostos vários critérios para reduzir a subjetividade, aumentar a sensibilidade e monitorizar as lesões numa fase inicial (pré-cavação) e avaliar a atividade. O desenvolvimento mais recente é o sistema internacional de deteção e avaliação da cárie (ICDAS), que pretende ser um conjunto unificador de critérios predominantemente visuais que podem ser utilizados para descrever as características de dentes limpos e secos, tanto ao nível do esmalte como da cárie dentária, e para avaliar a atividade da cárie.[6]

Tem havido *uma* grande discussão na literatura dentária sobre a utilização de critérios de diagnóstico mais sensíveis para estudos de cárie dentária que reconheçam a cárie dentária como um processo em que as lesões cariosas são categorizadas em fases. Especificamente, estas discussões têm enfatizado a necessidade de incluir o que se designa por lesões "pré-cavitadas" ou "não cavitadas" nos critérios de cárie e, para além disso, foram desenvolvidos critérios mais sensíveis. Estes critérios incluem lesões com perda de estrutura do esmalte que estão confinadas apenas à camada de esmalte e lesões com perda de estrutura do esmalte que penetram também na dentina. Existem variações subtis na forma como estes critérios básicos têm sido interpretados e utilizados por diferentes investigadores, que enfatizam o exame visual com secagem dos dentes, sondagem mínima com explorador e exame cuidadoso da textura da superfície do esmalte.[7]

O que é necessário é uma forma de diferenciar as lesões activas das inactivas e é importante realçar os diferentes tipos de comportamento que podem ser exibidos. As decisões clínicas que seriam tomadas seriam claramente diferentes entre lesões activas e inactivas se esta informação fosse conhecida. Da mesma forma, o momento ideal para a prestação de cuidados e o planeamento de uma chamada de atenção individualizada seriam melhorados com este tipo de informação. Seria também muito útil, tanto para a prática clínica como para os estudos de investigação, poder identificar de forma fiável cada tipo de lesão ativa e inativa.[8]

Durante as últimas décadas, tem sido relatada na literatura uma grande diminuição da prevalência da cárie dentária. Também se registou uma redução na taxa de progressão da cárie, um maior número de cáries ocultas na dentina e a alteração dos critérios de tratamento das lesões cariosas. Estes factores têm contribuído para a crescente alteração dos critérios de diagnóstico utilizados para avaliar a cárie dentária em estudos epidemiológicos. Anteriormente, a presença ou ausência de uma cavidade visível era o principal critério de cárie e pode ainda ser útil em estudos de campo com condições difíceis e uma elevada taxa de progressão da cárie e uma ocorrência crescente de lesões de dentina oculta, mas agora a ênfase é colocada na presumível profundidade de penetração e não no estado da superfície.[9]

A utilização de um sistema de diagnóstico de cáries que inclua cáries não cavitadas tem a vantagem distinta de poder refletir nos registos as fases clássicas da formação da lesão, o desenvolvimento da cavitação até às fases não cavitadas da cárie. A medição das lesões de cárie incipientes ou não cavitadas aumenta a sensibilidade e a eficiência do ensaio clínico. Além disso, dada a riqueza de informação sobre a possibilidade de remineralização das lesões cariosas precoces e a forma como os dentistas e o paciente podem influenciar este processo protetor, o diagnóstico de lesões cariosas precoces é um primeiro passo necessário para a prevenção secundária da cárie dentária.

A necessidade de detetar lesões o mais cedo possível é essencial no domínio da cariologia atual porque, se detectadas precocemente, estas lesões podem ser remineralizadas utilizando uma terapia não interventiva ou preventiva.[10]

Se novos critérios de diagnóstico, mais sensíveis, identificarem cáries dentárias incipientes, devem ser utilizados no planeamento de programas de prevenção porque, quando são detectadas lesões não cavitadas, a doença pode ser mais facilmente controlada. Com o diagnóstico precoce da cárie, pode ser elaborado um plano de tratamento preventivo. Por exemplo, o diagnóstico precoce de lesões de cárie oclusal ajuda a prever o aparecimento de cáries na superfície aproximada.[11]

As questões e os desafios que se nos colocam hoje em dia exigem uma análise da forma como se deve gerir a cárie dentária no futuro, tendo em conta a nossa compreensão da cárie dentária, dos seus factores de risco e da sua prevenção. Atualmente, a prevenção da cárie dentária deve basear-se na deteção adequada da cárie dentária nas suas fases iniciais; por conseguinte, enquanto dentistas, devemos não só detetar as cáries, mas também os sinais precoces de desmineralização e de atividade da doença. Se o objetivo da gestão da cárie dentária é a preservação da estrutura dentária e a promoção da saúde oral, então, sem dúvida, a deteção precoce de lesões cariosas pré-cavitadas é imperativa para o alcançar.[12]

Assim, o objetivo da presente dissertação bibliográfica é avaliar a validade de conteúdo dos critérios visuais e visuo - tácteis de deteção de cáries iniciais. A validade de conteúdo refere-se à abrangência dos critérios visuais e visuo - tácteis.

LESÃO NÃO CAVITADA

Uma lesão não cavitada é uma lesão de cárie cuja superfície parece macroscopicamente intacta. Por outras palavras, é uma lesão de cárie sem evidência visual de cavitação. Esta lesão é ainda potencialmente reversível por meios químicos, ou pode ser travada por meios químicos ou mecânicos.

LESÃO DE MANCHAS BRANCAS:

Trata-se de uma lesão de cárie não cavitada que atingiu a fase em que a perda líquida de minerais subsuperficiais produziu alterações nas propriedades ópticas do esmalte, de tal forma que estas são visivelmente detectáveis como uma perda de translucidez, resultando numa aparência branca da superfície do esmalte. No entanto, deve notar-se que, embora as lesões iniciais apareçam como uma alteração branca e opaca à vista desarmada, nem todas as lesões de manchas brancas são iniciais ou incipientes, uma vez que podem ser apresentadas durante muitos anos e podem envolver esmalte e/ou dentina.

LESÃO DE MANCHA CASTANHA:

Uma lesão castanha é uma lesão de cárie não cavitada que atingiu a fase em que a perda líquida de minerais subsuperficiais, em conjunto com a aquisição de pigmentos extrínsecos ou exógenos, produziu alterações nas propriedades ópticas de esmalte de tal forma que estas são visivelmente detectáveis como uma perda de translucidez e uma descoloração castanha, resultando num aspeto castanho da superfície do esmalte.[13]

DIFERENÇAS ENTRE LESÕES NÃO CAVITADAS E CAVITADAS (Nyvad et al., 1999)

As características típicas de uma lesão de cárie ativa do esmalte não cavitada são as de uma superfície opaca esbranquiçada/amarelada com perda de brilho, exibindo um aspeto calcário ou branco-néon. A superfície parece áspera quando a ponta de uma sonda afiada é movida suavemente sobre ela. Em contraste, as lesões de cárie em esmalte ativo são geralmente brilhantes e têm uma sensação de suavidade quando são sondadas suavemente. A cor das lesões inactivas de cárie do esmalte pode variar de esbranquiçada a acastanhada ou preta, mas a cor não é uma caraterística de diagnóstico diferencial fiável.

A opacidade calcária de uma lesão ativa de cárie de esmalte não cavitada está relacionada com dois fenómenos discretos. Primeiro, a opacidade é explicada pelo aumento da porosidade interna da lesão devido à desmineralização subsuperficial. O segundo fenómeno é causado pela dissolução dos espaços intercristalinos mais externos do esmalte. Quando a superfície é erodida, o esmalte perde o seu aspeto brilhante devido à retrodifusão difusa da luz. Esta é a razão pela qual uma lesão ativa do esmalte pode parecer mais branca, quase como um néon, do que uma lesão inativa do esmalte. Se uma lesão ativa for exposta a perturbações mecânicas na cavidade oral, a lesão assume gradualmente uma superfície lisa; no entanto, a opacidade interna persiste frequentemente.

A forma da lesão da mancha branca é determinada pela distribuição dos depósitos microbianos entre a faceta de contacto e a margem gengival, o que resulta numa aparência em forma de rim. Na superfície lisa proximal, existe normalmente uma faceta interdentária rodeada por uma área opaca que se estende na direção cervical. direção cervical. O bordo cervical da lesão é formado de acordo com a forma da lesão.[2]

	NONCAVITATED	CAVITATED
SURFACE CHARACTERISTICS	Active lesion: 'chalky'/ dull; rough on probing Inactive lesion: glossy; smooth on probing	Active lesion: cavity with exposed dentin; soft or leathery on probing Inactive lesion: cavity with exposed dentin; hard on probing
COLOR	Active lesion: whitish to light brown Inactive lesion: whitish to brownish/ black	Yellowish to brownish to black
DEMARCATION CHARACTERISTICS	Active lesion : most often sharply demarcated (corresponding to plaque – retention site) Inactive lesion: well demarcated, or with diffuse borders	Active lesion: sharply demarcated Inactive lesion: no sharp demarcation of lesion margins
DISTRIBUTION IN DENTITION	Active lesion occurs on plaque retention sites: Occlusal pits and fissures. Approximal surface below the contact point (kidney shape) Smooth surfaces reflecting position of gingival margin (arch and banana shaped) Inactive lesion is often located further away from gingival margin	Lesions occur on plaque retention areas : Occlusal pits and fissures Approximal surface below the contact point Smooth surfaces next to gingival margin
HISTOPATHOLOGICAL CHARACTERISTICS	Subsurface demineralization (bacterial origin)	Demineralization with loss of surface zone. Breakdown of enamel and possibly bacterial invasion into dentin

CARACTERÍSTICAS VISUAIS DA LESÃO DE CÁRIE INICIAL

1) PERDA DO BRILHO DO ESmalte - a primeira e mais precoce alteração detetável por meio da observação visual. Este critério foi considerado como uma condição que desencadeia o processo carioso. A perda de brilho é detectada sob a placa dentária após limpeza e secagem e arejamento contínuos.

2) PERDA DE TRANSPERÂNCIA - o esmalte perde a sua transparência. A condição é detectada após a remoção da placa dentária e 5- segundo

3) PERDA DE SUAVIDADE - a superfície do esmalte da lesão observada perde a sua suavidade. Torna-se rugosa mas sem cavitação.

4) LIMITES DA LESÃO DE ESMALTE - a ligação entre o esmalte saudável e a lesão. Os limites podem ser claramente delineados, difusos ou irrestritos.

REQUISITOS IDEAIS DOS CRITÉRIOS DE MEDIÇÃO DA CÁRIE DENTÁRIA INICIAL

1) É necessário ter a certeza de que os critérios se baseiam em determinados princípios patológicos, ou seja, devem refletir o processo da doença

2) Os critérios devem ser válidos, ou seja, identificar a condição quando esta ocorre

3) Reprodutível

4) Ser fiável, ou seja, permitir registos coerentes entre examinadores e em exames repetidos

5) Ter a capacidade de interpretar provas e informações clínicas provenientes de todas as fontes

6) Os critérios devem ser exactos e universalmente aceitáveis

7) Os critérios devem ser sensíveis, ou seja, capazes de registar alterações muito pequenas

8) Os critérios devem ser específicos, ou seja, apresentar uma descrição exacta e precisa.[4]

CRITÉRIOS VISUAIS PARA A DETECÇÃO DE CÁRIES DENTÁRIAS INICIAIS POR PARFITT (1954)

O primeiro sinal de cárie é uma ligeira descoloração, com perda de brilho na superfície do esmalte.

Grau 1 = ligeira descoloração com perda de brilho da superfície do esmalte

Grau 2 = A superfície está rugosa e esburacada, uma condição que pode ser detectada pelo ponto explorador.

Grau 3 = maior penetração e perda de tecido, fazendo com que a cárie atinja a dentina

Grau 4 = perda de dentina e cavitação

CRITÉRIOS VISUAIS PARA A DETECÇÃO DE CÁRIES DENTAIS INICIAIS POR BACKER-DIRKS et al. 1961, PAÍSES BAIXOS

Para as cáries aproximadas, o exame clínico por espelho e explorador foi completamente abandonado, devido à fraca precisão que torna quase impossível a padronização do diagnóstico. As fossas e fissuras foram limpas com um novo explorador afiado e secas com ar comprimido. O diagnóstico foi efectuado com uma pequena lanterna manual de alta intensidade. Foi utilizada luz incidente e transmitida.

A cárie foi avaliada em 4 graus diferentes.

Cárie I - significa uma linha preta minúscula no fundo da fissura.

Cárie II - existe também uma zona branca ao longo das margens da fissura.

Cárie III - denota a mais pequena quebra percetível na continuidade do esmalte (cavidade) com ou sem margens minadas.

Cárie IV - é uma cavidade grande com mais de 3 mm de largura.

CRITÉRIOS DE MARTHLER PARA A DETECÇÃO VISUAL DE CÁRIES INICIAIS. 1966, SUÍÇA

Primeiro olhar! Sondar apenas em caso de dúvida.

Grau 1: linha estreita ligeiramente acastanhada ou [em superfícies lisas Classe V] mancha branca com superfície dura, cuja menor extensão não excede 2 mm

Grau 2: linha claramente castanha ou preta ou [ou nas lesões da Classe V] mancha branca, com uma extensão mínima superior a 2 mm. Para lesões de Classe III [proximais de dentes anteriores], a lesão tem uma superfície descolorida castanha escura.

Grau 3: cavidade, descontinuidade da superfície do esmalte

Grau 4: cavidade com a parte mais estreita da entrada mais larga do que 2 mm

CRITÉRIOS DE M0LLER et al PARA DIAGNOSTICAR O DENTÁRIO INICIAL CARIES. 1966, DINAMARCA

<u>Superfícies lisas bucal e lingual</u>:

Grau I: uma mancha branca opaca que mantém o seu brilho após um curto período de secagem (3 segundos)

Grau II: Após secagem, a superfície apresenta-se branca e calcária.

<u>Cáries em fossas e fissuras</u>:

Grau I: A área é escura tanto à luz incidente como à luz transmitida; a lesão está confinada a uma pequena linha escura.

Grau II: Para além do Grau 1, pode ser observada uma zona branca ao longo das margens da fissura, que aparece escura à luz transmitida.

Grau III: Existe uma quebra percetível mais pequena na continuidade do esmalte.

CRITÉRIOS DE RADIKE PARA A DETECÇÃO DE CÁRIES DENTÁRIAS 1968, EUA

(I) LESÕES DE FRANK - A deteção destas lesões com base na cavitação macroscópica geralmente não constitui um problema de diagnóstico. Quando a cavitação está presente, o diagnóstico é positivo.

(A)   A cavitação, neste contexto, pode ser definida como uma descontinuidade da superfície do esmalte causada pela perda de superfícies dentárias.

(B)   A cavitação, que é o resultado do processo de cárie, deve ser distinguida das fracturas e lesões lisas ou da erosão e abrasão.

(C)) LESÕES SEM CAVITAÇÃO - a parte mais difícil da tarefa do examinador é a deteção de lesões sem cavitação franca. Estas são lesões próximas ao ponto de decisão entre cariado e sadio. Os critérios para a deteção destas lesões estão resumidos em três categorias, cada uma apresentando os seus problemas especiais.

(A)   Deteção de lesões de fossas e fissuras nas superfícies oclusal, facial e lingual.

(1)   A área está cariada quando o explorador "prende" ou resiste à remoção após a inserção numa fossa ou fissura com pressão moderada a firme e quando acompanhado por um ou mais dos seguintes sinais de cárie

(a)   Suavidade na base da zona

(b)   Opacidade adjacente à fossa ou fissura como prova de enfraquecimento ou desmineralização

(c)   Esmalte amolecido adjacente à fossa ou fissura que pode ser raspado com o explorador

(2)   Uma área está cariada se houver perda da translucidez normal do esmalte, adjacente a uma fossa, que contrasta com a estrutura dentária circundante. Esta condição é considerada uma evidência fiável de enfraquecimento. Em alguns destes casos, o explorador pode não apanhar ou penetrar na fossa.

(B)   Deteção de lesões em áreas lisas] das superfícies facial e lingual

(1)   A área está cariada se a superfície estiver gravada ou se houver uma mancha branca como evidência de subsuperfície

desmineralização, e se a área for considerada macia por:

(a)   Penetração com explorador

(b)   O esmalte pode ser raspado com um explorador

(2)   A área está sã quando existe evidência aparente de desmineralização (gravura ou manchas brancas) mas não existe evidência de amolecimento.

(C)   Deteção de lesões nas superfícies proximais:

Não foi possível chegar a um acordo sobre um único conjunto de critérios, uma vez que os procedimentos utilizados para o diagnóstico das superfícies proximais variaram consideravelmente. Alguns examinadores dependiam em grande parte de métodos visuais-tácteis, outros dependiam em grande parte de radiografias e transiluminação, enquanto outros utilizavam uma combinação destes procedimentos. O que se segue pretende ser uma combinação dos melhores elementos de todos os procedimentos:

(1) Para as zonas expostas ao exame visual e tátil direto, o diagnóstico é feito como no ponto "B" supra para as zonas lisas.

(2)   Para zonas ocultas não expostas a exames visuais e tácteis directos:

(a)   (Exame visual) Se a crista marginal apresentar uma opacidade como evidência de esmalte minado, a superfície proximal está cariada.

(b)   (Exame tátil) - Qualquer descontinuidade do esmalte em que um explorador entre é cariosa se também mostrar outras evidências de cárie, tais como maciez, sombra por transiluminação ou perda de translucidez.

(c)   (Radiografia) - Qualquer radiolucência definida que indique uma quebra na continuidade da superfície do esmalte é cariosa.

(d)   (Transiluminação; utilizar principalmente para dentes anteriores) - Uma perda de translucidez que produza uma sombra caraterística numa superfície proximal sem cálculo e sem manchas é uma evidência adequada de cárie.

CRITÉRIOS VISUAIS PARA O DIAGNÓSTICO DE CÁRIES DENTÁRIAS INICIAIS

BYMOLLER E POULSEN 1973, DINAMARCA

Poços e fissuras

- Descoloração não definitiva "colagem"

- Colagem com ou sem descoloração, sem envolvimento da dentina

- Cavidade definitiva com envolvimento da dentina

- Provável complicação pulpar

<u>Superfícies lisas vestibulares e linguais</u>
- Zona branca opaca com perda de brilho, sem perda de substância
- Descontinuidade no esmalte, perda de substância, sem envolvimento da dentina
- Envolvimento da dentina
- Provável complicação pulpar

CRITÉRIOS DE DETECÇÃO VISUAL DE CÁRIES INICIAIS POR HOWAT. 1981, REINO UNIDO

1) MÉTODO VISUAL,

(A superfície deve ser limpa, seca e iluminada, e é necessária uma escavadora de colher para as medições de tamanho). <u>Poços e fissuras:</u>

V 1-Esmalte visivelmente intacto com uma ou ambas as seguintes características: linha escura na base da fissura; alteração branca nas paredes da fissura

V 2 - Rutura das paredes da fissura com cavidade aberta visível ou sombra ou opacidade por baixo do esmalte como prova de minagem, todas com menos de 1,5 mm medidas ao longo da fissura

V 3 - Rutura das paredes da fissura com uma cavidade aberta visível, ou sombra ou opacidade por baixo do esmalte como prova de minagem, todas superiores a 1,5 mm medidas ao longo da fissura

<u>Superfícies lisas livres:</u>

V 4-Lesão branca, calcária e opaca, mas superfície intacta

(V5 - Rutura do esmalte com cavidade inferior a 0,5 mm de diâmetro

V 6 cavidades com mais de 0,5 mm de diâmetro

Superfícies mesio-distais:

V 7-sombra por transiluminação, ou perda de translucidez

V 8-observável cavidade

2) MÉTODOS TÁCTEIS:

(Não é necessária qualquer preparação especial da superfície; no entanto, é necessária uma sonda normalizada. A sonda mais refinada parece ser a sonda Holst, que é utilizada uma vez e depois devolvida ao fabricante para nova normalização).

T1-pegajoso à sondagem; a sonda requer um puxão definitivo para ser removida

T2-O explorador "prende" ou resiste à remoção numa fossa ou fissura com uma pressão moderada a firme, e o esmalte amolecido adjacente pode ser raspado com o explorador.

T3- o explorador "prende" ou resiste à remoção numa fossa ou fissura com pressão moderada a firme e é acompanhado de suavidade na base da área.

Superfícies lisas livres:

T4-a descontinuidade da superfície, incluindo esmalte defeituoso (mole ou quebradiço), ponta da sonda a aderir superficialmente

Cavidade T5 com um pavimento detectavelmente suavizado

T6-cavidade detectada por sondagem; a sonda adere superficialmente

Mesio-distal:

T7-cavidade detectada por sondagem, com um piso suavizado detetável

Visual-tátil (As superfícies devem ser limpas, secas e iluminadas):

Poços e fissuras:

Fissura VT1 com descoloração à luz incidente e transmitida e sem viscosidade definida

VT2 - O explorador "prende" ou resiste à remoção numa fossa ou fissura com pressão moderada a firme, e é acompanhado por opacidade adjacente à fossa ou fissura como evidência de minagem ou desmineralização.

VT3 - cavidade visível, a sonda penetra na dentina

Superfícies lisas livres:

VT4-Manchas brancas com perda de brilho com superfície dura e intacta

VT5 - manchas brancas com suavidade detectadas por penetração e raspagem do esmalte por um explorador

VT6 - Rutura do esmalte numa área calcária ou acastanhada de translucidez diminuída com menos de 0,5 mm de diâmetro, com fundo macio

VT7- cavidade definitiva com fundo mole, diâmetro superior a 0,5 mm.

Mesio-distal:

VT8 - área branca ou castanha do esmalte vista por visão direta; área escura do esmalte vista por transiluminação, sem cavidade visível introduzida pela sonda (principalmente para a parte anterior)

VT9- se o explorador detetar rugosidade, amolecimento ou descontinuidade da superfície numa área calcária ou castanha de translucidez diminuída

CLASSIFICAÇÃO DE LESÕES CARIOSAS INICIAIS DE ACORDO COM O NIDCR. 1987, EUA

CÁRIES CORONAIS:

As lesões francas são detectadas como cavitação grosseira. As lesões incipientes podem ser subdivididas em três categorias de acordo com a localização, cada uma com considerações especiais de diagnóstico. Estas categorias são:

(A) <u>Poços e fissuras nas superfícies oclusal, vestibular e lingual.</u>

Estas áreas são diagnosticadas como cariosas quando o explorador fica preso após a inserção com uma pressão moderada a firme e quando a presa é acompanhada por um ou mais dos seguintes sinais de cárie:

(1) Suavidade na base da zona

(2) Opacidade adjacente à área, evidenciando minação ou desmineralização

(3) Esmalte amolecido adjacente à área que pode ser raspado com o explorador (Deve-se ter cuidado para evitar a remoção de esmalte que possa ser remineralizado).

(B) <u>Áreas lisas nas superfícies vestibular (labial) ou lingual</u>

Estas áreas são cariosas se estiverem descalcificadas ou se houver uma mancha branca como evidência de desmineralização subsuperficial e se a área for considerada mole:

(1) Penetração com o explorador, ou

(2) Raspagem do esmalte com o explorador. Estas áreas devem ser diagnosticadas como sãs quando existe apenas evidência visual de desmineralização, mas sem evidência de amolecimento.

(C) <u>Superfícies proximais</u>: Para as áreas expostas ao exame visual e tátil direto, como quando não existe um dente adjacente, os critérios são os mesmos que os aplicados às áreas lisas das superfícies faciais ou linguais. Para áreas não disponíveis para exame visual-tátil direto, aplica-se o seguinte critério: Uma descontinuidade do esmalte na qual o explorador se prende é cariosa se houver suavidade. A evidência visual de mineração sob um rebordo marginal não é uma evidência aceitável de uma lesão proximal, exceto se for possível penetrar numa rutura da superfície com o explorador.

CÁRIES RADICULARES: As lesões de cárie activas nas superfícies radiculares são amarelas/alaranjadas, bronzeadas ou castanhas claras. As lesões em remissão tendem a ser mais escuras, por vezes quase pretas. Quando as cáries radiculares estão cobertas por pequenas quantidades de placa, a descoloração das lesões é normalmente visível. O critério tátil de suavidade à ponta de um explorador deve ser cumprido para um diagnóstico definitivo de cárie radicular.[14]

CLASSIFICAÇÃO DAS LESÕES CARIOSAS INICIAIS DE ACORDO COM PITTS & FYFEE, 1988

1) DO- esmalte saudável
2) D1a - a mais precoce das lesões visualmente detectáveis. Encontra-se sob uma grande quantidade de placa bacteriana, normalmente cervical. O tamanho coincide com a localização da placa dentária. Não se observa qualquer pigmentação. Torna-se visível depois de a placa bacteriana ter sido removida por meio de higiene profissional. É necessária uma secagem e arejamento contínuos. Só então a lesão se torna discernível do esmalte saudável. No interior da lesão, o esmalte perdeu o seu brilho. Dificilmente detetável se a secagem não tiver sido efectuada.
3) D1b - lesão branca do esmalte, claramente visível sem limpeza e secagem efectuadas. Pode estar ativa, estacionária ou em regressão. Dependendo da sua atividade, a lesão pode ter as qualidades de cada um destes tipos. Pode também ser combinada. Deve ser estudada quanto ao brilho, à lisura, aos bordos e à placa. Nesta fase, podem ser detectadas microporosidades, mas não se encontra cavitação do esmalte.
4) D2- lesões brancas do esmalte dentro das quais se podem ver uma ou duas cavitações pequenas ou uma maior e mais profunda. À volta destas cavitações localiza-se normalmente uma lesão ativa difusa branca. Podem ser observadas zonas de transição gradual para esmalte saudável. As lesões são restritas e claramente delineadas, o que é indicativo de que as lesões estão a tornar-se estacionárias. Por outro lado, as lesões difusas e largas são indicativas de progressão da lesão
5) D3 - cáries de dentina
6) A lesão em dia é a fronteira entre o esmalte saudável e o esmalte cariado

O "limiar de diagnóstico" é um termo que descreve o nível de corte utilizado numa decisão arbitrária sobre o que deve ser classificado como doente e o que deve ser classificado como "são". Isto pode ser representado sob a forma de um "icebergue". O pico do icebergue representa a cárie dentária grosseira ou franca (as chamadas lesões de cárie D4 e D3 mais limitadas) que assenta em volumes cada vez maiores de cárie menos extensa nos níveis de gravidade D2 (cavidade do esmalte) e Di mais limitado (lesões de cárie de manchas brancas ou castanhas). Estes rótulos 'D' para a gravidade da lesão têm sido utilizados há muitos anos (OMS, 1979; Pitts e Fyffe, 1988) e constituem critérios de diagnóstico padronizados, tais como os do Método de Limiar Selecionável de Dundee (DSTM). Estes sistemas permitem a produção de dados numa variedade de limiares de diagnóstico (tipicamente D3, cárie apenas na dentina, e Di, cárie no esmalte e na dentina), dependendo do requisito específico. Como a metáfora do iceberg revela, a escolha do limiar de diagnóstico utilizado pode ter um efeito profundo na magnitude das cáries registadas, relatadas e utilizadas nas análises. Também se deve ter em conta que na base do icebergue existe um grande número de lesões iniciais, das quais apenas algumas podem ser detectadas com os meios de diagnóstico existentes ou novos.[15]

Uma das principais vantagens de incluir lesões não cavitadas na classificação é o facto de dar uma imagem mais realista da experiência total de cárie em indivíduos ou populações. O registo de cáries incluindo diagnósticos não cavitados aumenta normalmente o rendimento do diagnóstico em mais de 100% em comparação com a contagem apenas das cavidades. Este método não informa sobre o estado de atividade das lesões. O critério d_1 - d_3 tem muitas vantagens, como por exemplo, uma melhor forma de estimar a necessidade e recomendar medidas de tratamento preventivo e restaurador adequadas. É também uma medida mais sensível para avaliar a mudança no estado da cárie e um melhor meio de prever futuras cáries[2]

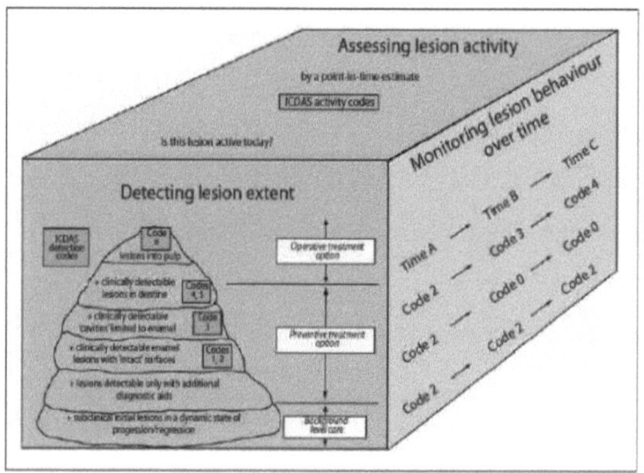

MÉTODO DE DUNDEE SELECCIONÁVEL PARA O CONTROLO DE CÁRIES CRITÉRIOS DE DIAGNÓSTICO E CÓDIGOS PARA CÁRIES, RESTAURAÇÕES E VEDANTES (FYFFE)

O DSTM para o diagnóstico de cárie foi dado por Fyffe et al no ano 2000. O limiar de diagnóstico D_i engloba lesões iniciais, de esmalte e cáries dentárias. As principais razões pelas quais o limiar para definir a cárie em inquéritos epidemiológicos exclui tais lesões incluem preocupações sobre a capacidade dos examinadores dentários dos inquéritos para identificar as fases iniciais da cárie nas condições menos que ideais frequentemente encontradas nos inquéritos epidemiológicos[2].

O limiar de diagnóstico mais comummente utilizado em estudos epidemiológicos classifica uma superfície como cariada no ponto em que um examinador treinado julga que uma lesão penetrou na dentina. Este limiar tem sido designado como o limiar de diagnóstico D_3. Este é também o ponto em que a maioria dos dentistas concorda que o tratamento restaurador é necessário.

Um problema que surge quando se pontua no limiar de diagnóstico Di é a possibilidade de perda de detalhes clínicos relevantes nas superfícies que têm cárie primária e uma restauração ou selante, uma vez que essas superfícies são tradicionalmente codificadas como cariadas. Isto pode ser apropriado quando o limiar de diagnóstico empregue é D3, mas é inapropriado a Di mas preenchido a D3.

A primeira tabela da descrição abaixo foi utilizada para registar superfícies restauradas; superfícies seladas; superfícies com restaurações de selantes; facetas e restaurações avançadas; e restaurações que necessitavam de substituição. A cárie associada diretamente a restaurações, restaurações com selantes e selantes de fissuras (cárie contígua) também foi registada. Na segunda tabela, foram registados os dentes presentes; os dentes não irrompidos; os dentes ausentes; as superfícies excluídas, traumatizadas ou sãs; e as superfícies com cárie primária. Restaurações, restaurações com selantes (restaurações preventivas de resina) e selantes não eram registados nesta tabela; em vez disso, as superfícies relevantes eram codificadas como sãs, a menos que também tivessem cáries primárias, caso em que era utilizado o código de cárie apropriado. [15]

CODE	CRITERIA	Diagnostic threshold
CARIES		
G	Good sound surface – a surface is recorded as sound if, in the opinion of a trained examiner, it shows no visual changes signs of treated or untreated dental caries	
W	White spot lesion – visual assessment of dried tooth indicates intact surface, no clinically detectable loss of substance, with a white or cream colored area of increased opacity presumed carious by the trained examiner	D_1
B	Brown spot lesion – visual assessment of dried tooth indicates intact surface, no clinically detectable loss of substance, with a brown/ black discoloration, presumed carious by the examiner	D_1
E	Enamel cavity – in the opinion of the trained examiner, there is a lesion with demonstrable loss of surface but no visual, clinical evidence of the lesion penetrating dentin	D_1, D_2
D	Dentin lesion (non cavitated) – surfaces are regarded as falling into this category if, in the opinion of the trained examiner , there is a carious lesion into dentine but no visible evidence of cavitation	D_1, D_2, D_3
C	Dentin cavity – surfaces are regarded as falling into this category if, in if in the opinion of the trained examiner, there is a cavity into dentine	D_1, D_2, D_3
P	Pulp involved – surfaces are regarded as falling into this category if, in the opinion of the trained examiner, there is a carious cavity that involves the pulp, necessitating an extraction or pulp treatment	D_1, D_2, D_3

RESTO RATIO NS AND SEALA NTS	
F	Filled – surface containing a permanent restoration of any material(excluding veneers, crowns bridges, abutments and obvious sealant restorations which are coded separately
V	Veneers, crowns and bridges abutments
$	Sealant - a surface containing, in the opinion of the trained examiner, some type of fissure sealant but where no evidence of a defined cavity margin can be seen
SR	Sealant restoration – a surface containing, in the opinion of the examiner, some type of sealant restoration where there is evidence of a defined cavity margin and a sealed, unrestored fissure

SÍNTESE DOS CÓDIGOS DO MÉTODO DUNDEE SEUECTABUE THRESHOUD PARA A DAIGNOSE CARIÁTICA (DSTM) (após FYFFE)[15]

PERMANENT TOOTH CODES
U – unerupted
MC – missing due to caries
MO – missing for orthodontic reasons
MT – missing due to trauma

CÓDIGOS DE SUPERFÍCIE PERMANENTES

G – good , sound surface	$ - sealed surface, type unknown
W – white spot lesion	$W – sealant, contagious with W lesion
B – brown spot lesion	$B – sealant, contagious with B lesion
E – enamel cavity	$D – sealant, contagious with D lesion
D – dentine lesion (non cavitated)	$C – sealant, contagious with C lesion
C – dentine cavity	$P – sealant, contagious with P lesion
A – arrested dentinal decay	SR – obvious: sealant, restoration
P – pulp involved	SRW - sealant, restoration, contagious with W lesion
F – filled, no decay	SRB – sealant, restoration, contagious with B lesion
FR – filled, needs replacing, not carious	SRE – sealant, restoration, contagious with E lesion
FW – filled, contagious with W lesion	SRD – sealant, restoration, contagious with D lesion
FB - filled, contagious with B lesion	SRC – sealant, restoration, contagious with C lesion
FE - filled, contagious with E lesion	SRP - sealant, restoration, contagious with P lesion
FD - filled, contagious with D lesion	
FC – filled, contagious with C lesion	FP – filled, contagious with P lesion

NIELSON E PITTS 1991, UK

Impressão visual de cáries (incluindo lesões de manchas brancas) sem perda de contorno

Perda de contorno, mas a sonda Williams não penetra na superfície da lesão sob pressão ligeira.

A sonda de Williams entra na lesão sem força - Envolvimento pulpar óbvio.

ISMAIL et al. 1992, CANADÁ

<u>Poços e fissuras</u>:

Depois de secar e limpar o dente, o examinador verifica visualmente se a superfície está cavitada (perda de esmalte). Se não estiver, e se as fossas e fissuras forem castanhas claras ou escuras na base, e/ou se for detectada uma alteração branca (desmineralização) nos lados das fossas ou fissuras, então a área é diagnosticada como potencialmente cariada.

As fossas e fissuras manchadas também são codificadas nesta categoria.

Uma cavidade é definida como qualquer perda de tecido para além dos limites das fossas e fissuras de desenvolvimento nas superfícies oclusais e quando um defeito real é observado numa superfície lisa. As lesões cavitadas presas não têm pavimentos ou lados amolecidos que possam ser detectados por um explorador com uma pressão suave. As lesões estão localizadas mais frequentemente em áreas não susceptíveis à cárie. O tamanho da lesão foi classificado em pequeno ou grande através da extremidade esférica de 0,5 mm de uma sonda periodontal da OMS.

As lesões cavitadas activas pequenas ou grandes contêm dentina desmineralizada (normalmente castanha clara) e têm uma textura macia quando exploradas com uma pressão suave. A lesão está normalmente localizada numa área suscetível à cárie.

<u>Superfícies lisas</u>:

Lesões de cárie não cavitadas localizadas em áreas não susceptíveis (com exceção das áreas de contacto e da área a 1,5 mm da linha gengival). Estas lesões devem ter as seguintes características: Não são áreas hipoplásicas ou fluoróticas; são claras mas paralelas à linha gengival; a superfície é vidrada e dura; normalmente não estão cobertas por placa bacteriana; normalmente são brancas nas crianças.

Lesões de cárie não cavitadas localizadas numa área de contacto ou a 1,5 mm da linha gengival, normalmente em contacto com esta. Estas lesões têm uma superfície fosca e estão normalmente cobertas por placa dentária.

LESÕES CAVITADAS: definição idêntica à utilizada para as fossas e fissuras

BJARNASON ET AL. 1992, SUÉCIA

Incipiente: lesões de manchas brancas com superfície intacta ou fossas e fissuras seladas previamente alargadas

Cáries manifestas: lesões de cárie com cavitação, lesões recorrentes francas ligadas a restaurações e novas cavidades em superfícies previamente restauradas

EKSTRAND ET AL. 1998, DINAMARCA

0 = nenhuma ou ligeira alteração da translucidez do esmalte após secagem prolongada ao ar

1 = opacidade (branco) pouco visível na superfície húmida, mas nitidamente visível após secagem ao ar

1a = opacidade (castanha) pouco visível na superfície húmida, mas nitidamente visível após secagem ao ar

2 = opacidade (branca) nitidamente visível sem secagem ao ar 2a = opacidade (castanha) nitidamente visível sem secagem ao ar 3 = rutura localizada do esmalte em esmalte opaco ou descolorido e/ou descoloração acinzentada da dentina subjacente

4 = cavitação em esmalte opaco ou descolorido, expondo a dentina por baixo [14]

CRITÉRIOS DE NYVAD PARA O DIAGNÓSTICO DE CÁRIES DENTÁRIAS INICIAIS

Os critérios foram definidos por NYVAD et al. no ano de 1999.

Os critérios de diagnóstico da cárie foram desenvolvidos com base em informações da literatura, bem como na experiência pessoal com o diagnóstico clínico da cárie. A lesão de cárie ativa e inativa foi distinguida com base numa combinação de critérios visuais e tácteis. A avaliação foi efectuada em três níveis de gravidade crescente, dependendo da profundidade de penetração das lesões (superfície intacta, descontinuidade superficial no esmalte ou cavidade manifesta na dentina). Foram utilizados exploradores para limpar suavemente a superfície do dente de depósitos bacterianos e para verificar a perda de estrutura dentária (cavitação) e a textura da superfície (dura/ou rugosa/suave/leitosa). A sondagem das lesões foi deliberadamente evitada, a menos que critérios visuais simples (por exemplo, opaco versus brilhante) não fossem suficientes para atribuir a uma lesão a categoria ativa ou inativa. Uma vez que a textura da superfície é considerada um indicador de atividade mais fiável do que a cor, esta nunca foi utilizada como único critério de diagnóstico. Lesões "mistas" contendo elementos de cáries activas e inactivas foram diagnosticadas como activas.

Os critérios de Nyvad são uma boa ferramenta de diagnóstico da cárie que deve ser utilizada no futuro, porque regista as fases iniciais da doença, mesmo antes de existir uma cavidade. Também mede a atividade da lesão cariosa, favorecendo a relação custo-benefício quando são feitos planos de tratamento. A vantagem da aplicação dos critérios de diagnóstico de cárie de Nyvad é a redução da necessidade de tratamento a longo prazo, uma vez que as lesões iniciais são diagnosticadas e podem ser aplicadas medidas para travar a progressão da lesão. Isto significa que pode ser efectuado um tratamento menos invasivo, favorecendo a relação custo-benefício.

Uma limitação dos critérios de Nyvad é que é mais difícil fazer um diagnóstico exato de uma lesão ativa pré-cavitada, como uma lesão de mancha branca sobre a superfície oclusal do que sobre a superfície facial. Estas lesões podem ser subdiagnosticadas, progredindo para uma cavitação franca. Por outro lado, devido ao desgaste fisiológico da superfície oclusal durante a mastigação, estas lesões podem desaparecer.[16]

CRITÉRIOS DE NYVAD PARA CÁRIES DENTÁRIAS INICIAIS

SCORE	CATEGORY	CRITERIA
0	Sound	Normal enamel translucency and texture (slight staining allowed in other wise sound fissure)
1	Active caries (intact surface)	Surface of enamel is whitish/yellowish opaque with loss of luster, feels rough when the tip of the probe is moved gently across the surface, generally covered with plaque .No clinically located close to gingival margin. Fissure/pit: intact fissure morphology; lesion extending along the walls of the fissure.
2	Active caries (surface discontinuity)	Same criteria as score 1. Localized surface defect (micro cavity) in enamel only. No undermined enamel or softened floor detectable with the explorer
3	Active caries (cavity)	Enamel/dentin cavity easily visible with naked eye; surface of cavity feels soft or leathery on gentle probing. There may or may not be pulpal involvement.

4	Inactive caries (intact surface)	Surface of enamel is whitish, brownish or black. Enamel may be shiny and feels hard and smooth when the tip of the probe is moved gently across the surface. No clinically detectable loss of substance. Smooth surface; caries lesion typically located at some distance from gingival margin. Fissure/pit; intact surface morphology.
5	Inactive caries (surface discontinuity)	Same criteria as score 4. Localized surface defect in enamel only. No undermined enamel or softened floor detectable with the explorer.
6	Inactive caries (cavity)	Enamel/dentin cavity easily visible with the naked eye; surface of cavity may be shiny and feels hard on p robbing with gentle pressure. No pulpal involvement.
7	Filling (sound surface)	
8	Filling+ active caries	Caries lesion may be cavitated or non- cavitated
9	Filling+ inactive caries	Caries lesion may be cavitated or non- cavitated

WHO + IL (LESÃO INICIAL) LIMIAR DE DIAGNÓSTICO DE CÁRIE

As IL são definidas como cáries activas que, através da avaliação visual por um examinador calibrado, indicam uma superfície intacta, sem perda de tecido dentário clinicamente detetável, com uma área rugosa, de cor esbranquiçada/amarelada, de opacidade aumentada, com perda de brilho e presumivelmente cariada (quando é utilizada a sonda CPI, a sua ponta deve ser removida suavemente ao longo da superfície). Superfície lisa: lesão de cárie tipicamente localizada perto da margem gengival. Fissura/poço: morfologia de tecido intacto: a lesão estende-se ao longo das paredes da fissura. Os defeitos de superfície localizados (microcavidades activas) restritos apenas ao esmalte estão incluídos (utilização do mesmo código) no grupo IL. As lesões activas de manchas brancas e as microcavidades contíguas a selantes, restaurações e cavitações também são registadas.[17]

CODES		
PRIMARY	PERMANENT	CRITERIA
A	0	Sound, excluding the W (white spot)
W	WP	W (active white spot/ surface discontinuity in enamel only)
B	1	Decayed without W (chronic lesion)
BW	1W	Decayed with (active lesion)
C	2	Filled, with decay (active lesion)
CW	2W	Filled, with W + decay (active lesion)
D	3	Filled , no decay
DW	3W	Filled with W
4	4	Missing, as a result of caries
5	5	Missing, any other reason
F	6	Fissure sealant with
FW	6W	Fissure sealant with W
7	7	Bridge abutment, special crown or veneer/ implant
	8	Unerupted tooth
T	T	Trauma (fracture)
-	9	Not recorded

CRITÉRIOS DE DIAGNÓSTICO DA OMS PARA O DIAGNÓSTICO DA CÁRIE[23]

CODE	CATEGORY	CRITERIA
0	Surface sound	No evidence of treated or untreated clinical caries (slight staining allowed in an otherwise sound fissure)
1	Initial caries	No clinically detectable loss of substance. For pits and fissures, there may be significant staining, discoloration, or rough spots in the enamel that do not catch the explorer, but where loss of substance cannot be positively
2	Enamel caries	Demonstrable loss of substance in pits, fissures, or on smooth surfaces, but no softened floor or wall or undermined enamel. The texture of the material within the cavity may be chalky or crumbly, but there is no evidence that cavitation has penetrated the dentin,
3	Caries of dentin	Detectable softened floor, undermined enamel, or a softened wall, or the tooth has a temporary filling. On approximal surfaces, the explorer point must enter lesion with certainty.
4	Pulpal involvement	Deep cavity with probable pulpal involvement. Pulp should not be probed

O SISTEMA INTERNACIONAL DE DETECÇÃO E AVALIAÇÃO (ICDAS)

Antecedentes do Sistema Internacional de Deteção e Avaliação de Cáries

A primeira reunião do grupo central do ICDAS, co-presidida pelo Prof. Nigel Pitts e pelo Prof. Amid Ismail, teve lugar em Dundee, na Escócia, em abril de 2002. No início de 2003, o grupo tinha reunido as provas actuais relacionadas com a deteção de cáries dentárias e tinha revisto todos os sistemas anteriormente publicados para a deteção e avaliação de cáries. Reunindo as melhores evidências de todos os sistemas anteriormente publicados, juntamente com investigação adicional que contribui para a nossa compreensão atual da cariologia, foi desenvolvida uma proposta para o "ICDAS I" de registo de cáries dentárias.

Em março de 2003, um grupo de peritos de 65 cariologistas de todo o mundo foi reunido pelo grupo central do ICDAS em Baltimore para desafiar e melhorar os critérios propostos. Os critérios resultantes do "ICDAS II" têm sido utilizados desde então, e houve 11 workshops formais do ICDAS na Europa, América do Norte e do Sul, que envolveram investigadores de todo o mundo. Os workshops partilharam as agendas e os resultados da investigação e procuraram facilitar o desenvolvimento e a implementação de um sistema "aberto" que fornece um "guarda-roupa" de critérios validados para utilização na deteção e avaliação de cáries. Foi criada uma Fundação ICDAS, de carácter filantrópico, para levar por diante a visão partilhada do ICDAS, delineando o seu objetivo.

- O ICDAS é um sistema de pontuação visual clínica para utilização no ensino dentário, na prática clínica, na investigação e na epidemiologia

- O ICDAS foi concebido para conduzir a uma informação de melhor qualidade que permita tomar decisões sobre o diagnóstico, o prognóstico e a gestão clínica adequados, tanto a nível individual como a nível da saúde pública

- O ICDAS fornece uma estrutura para apoiar e permitir uma gestão personalizada e abrangente das cáries para melhorar a saúde a longo prazo.

PONTUAÇÃO DO ICDAS PARA CÓDIGOS DE RESTAURAÇÃO E SELANTES

CODE	DESCRIPTION
0	Unrestored or unsealed
1	Sealant, partial A sealant that does not cover all pits and fissures on a tooth surface
2	Sealant, full A sealant that covers all pits and fissure on a tooth surface
3	Tooth colored restoration In the opinion of the dentist, the tooth has a tooth colored restoration
4	Amalgam restoration
5	Stainless steel crown
6	Porcelain or gold or PFM crown or veneer
7	Lost or broken restoration
8	Temporary restoration
9	Tooth does not exist or other special cases

Utilizado da seguinte forma:

9-6 = a superfície do dente não pode ser examinada devido a problemas de acesso para visualizar a superfície do dente

9-9 = não erupcionado (todas as superfícies dentárias são codificadas como 99)

9-7 = dente em falta devido a cárie (todas as superfícies dentárias são codificadas 97)

9-8 = dente em falta por razões que não sejam cáries (todas as superfícies dentárias são codificadas) 98)

CÓDIGOS ICDAS PARA A GRAVIDADE DA CÁRIE

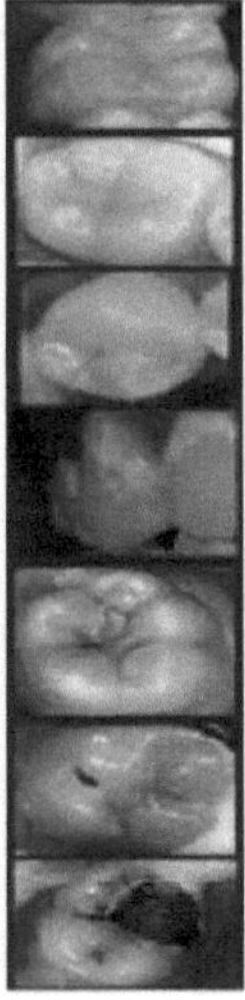

	0	Sound tooth surface
	1	First visual change in enamel
	2	Distinct visual change in enamel
	3	Enamel breakdown, no dentine visible
	4	Dentinal shadow (not cavitated into dentine)
	5	Distinct cavity with visible dentine
	6	Extensive distinct cavity with visible dentine

CAPÍTULO 2
DUAS FASES DE CODIFICAÇÃO DO ICDAS

O registo do estado da cárie dentária utilizando o ICDAS é um processo de 2 fases. A primeira fase consiste em classificar cada superfície dentária quanto ao seu estado de restauração. Os critérios diferenciam entre superfícies dentárias parcialmente e totalmente seladas e entre diferentes materiais de restauração. A segunda fase consiste em classificar cada superfície dentária de acordo com o seu estado de gravidade da cárie. Estes códigos são o primeiro de 2 dígitos que codificam o estado de cada superfície dentária.[18]

O D no ICDAS significa deteção de cáries dentárias por

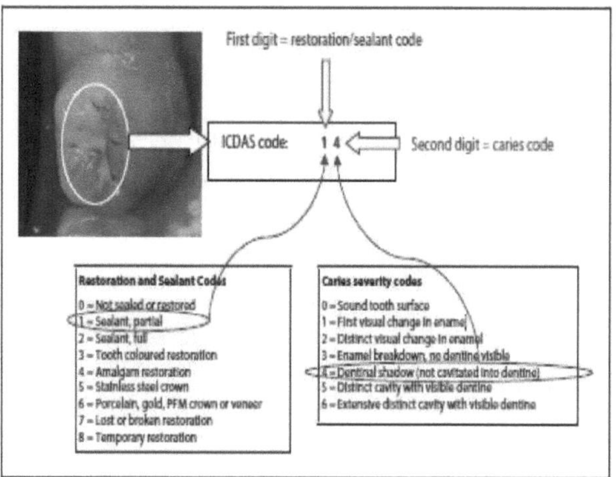

1) Fase do processo carioso

2) Topografia (buracos e fissuras ou superfícies lisas)

3) Anatomia (coroas versus raízes)

4) Estado da restauração ou do selante

O A no ICDAS representa a avaliação do processo de cárie por fase (não cavitada ou cavitada) e atividade (ativa ou parada). Um objetivo importante no desenvolvimento do ICDAS é proporcionar flexibilidade aos clínicos e investigadores para escolherem a fase do processo de cárie e outras características que se adaptem às necessidades da sua investigação ou prática. A única estipulação é a exigência de que as definições do ICDAS sejam utilizadas para qualquer fase da cárie dentária escolhida para um estudo específico.

A deteção de cáries dentárias nas superfícies coronais dos dentes é um processo de duas fases. A primeira decisão é classificar cada superfície dentária quanto ao facto de estar sã, selada, restaurada, coroada ou ausente. No ICDAS, cada dente é dividido em superfície mesial, distal, facial, lingual e oclusal. Algumas superfícies dentárias estão ainda divididas em secções. Por exemplo, os molares superiores têm secções oclusal - mesial e oclusal - distal que são divididas por uma crista transversal.

Para os molares mandibulares, as fossas vestibulares são codificadas separadamente das superfícies dentárias lisas. Uma divisão semelhante também é feita entre as fissuras linguais e as superfícies dentárias lisas linguais dos molares superiores e dos incisivos centrais superiores.

Para a primeira decisão no ICDAS, os critérios diferenciam entre superfícies dentárias total e parcialmente seladas. Há evidências de que as superfícies dentárias parcialmente seladas podem estar em maior risco de desenvolver cáries em comparação com dentes sãos ou totalmente selados. Os sistemas de codificação também diferenciam entre restaurações de amálgama e restaurações coloridas e entre diferentes tipos de coroas. As restaurações perdidas ou partidas e os dentes que têm restaurações temporárias são também codificados separadamente. Finalmente, o código "9" é reservado para dentes ausentes ou não irrompidos e para condições especiais como a exclusão de exame. O segundo número que vem a seguir ao código "9" indica uma condição específica. Por exemplo, o código 9-6 é utilizado para indicar que o examinador não pôde aceder a uma determinada superfície dentária para tomar uma decisão, e o código 9-7 é utilizado para codificar dentes em falta devido a cáries.

A segunda decisão que deve ser tomada para cada superfície dentária é a classificação do estado cariado numa escala ordinal. As superfícies dentárias podem estar sãs ou apresentar uma "primeira alteração visual do esmalte", que é definida de forma diferente para as fossas e fissuras e para a mesma condição em superfícies dentárias lisas. Nesta fase da cárie dentária em superfícies oclusais, 55% das lesões estão sãs ou confinadas ao esmalte, e 45% estão no terço exterior da dentina. Em superfícies lisas, estas lesões só são observadas clinicamente quando a superfície do dente está seca, e não podem ser vistas in vivo quando a superfície está molhada com saliva.

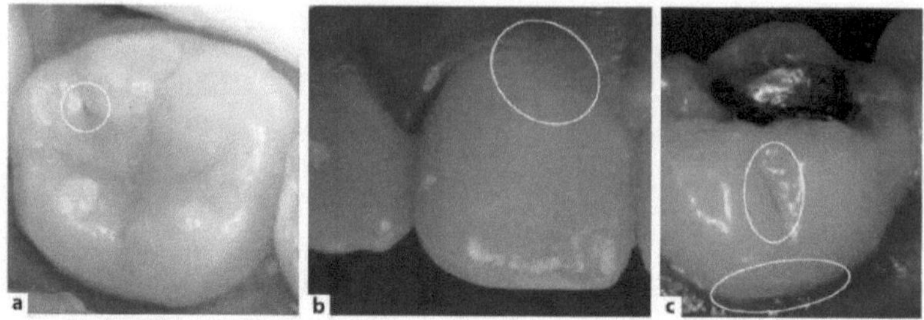

Imagem do código 1

O estágio seguinte é chamado de "alteração visual distinta" (código 2 do ICDAS). Nesta fase, a lesão não é cavitada e pode ser vista quando a superfície do dente é molhada com saliva. Nas fossas e fissuras, estas lesões são mais largas do que os limites da área da fossa ou fissura. A maioria destas lesões estende-se até à metade pulpar do esmalte ou até ao terço exterior da dentina.

Imagem do código 2

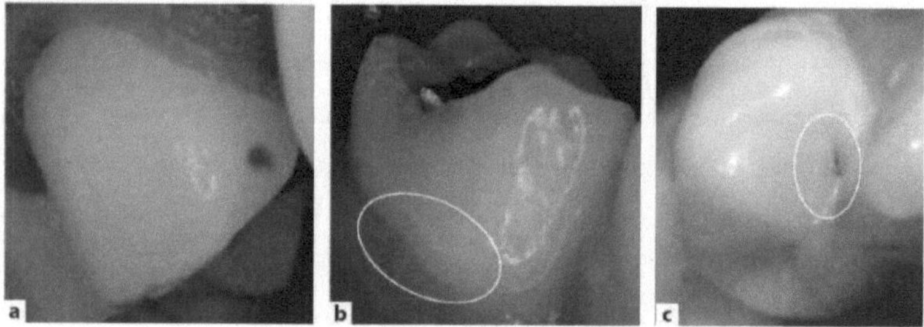

Quando a superfície de um dente apresenta sinais de degradação localizada do esmalte devido a cáries sem dentina visível ou sombra subjacente, o processo de cárie avançou para a fase 3 (código ICDAS 3)

Imagem do código 3

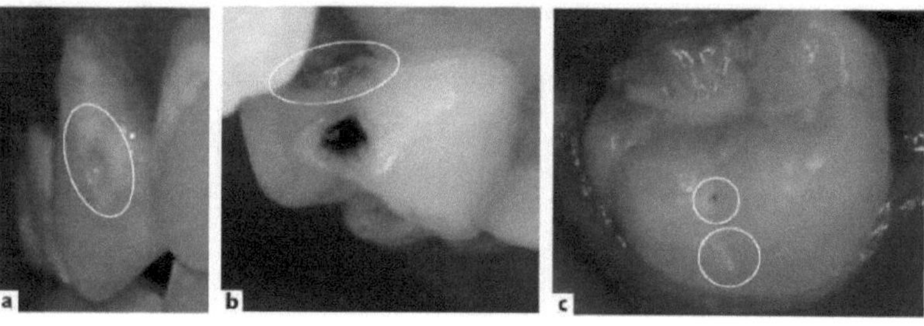

O código ICDAS seguinte representa as lesões em que existem sombras subjacentes que indicam que a desmineralização cariosa progrediu para a dentina, a dentina está descolorida e a superfície do esmalte não é suportada pela dentina (código ICDAS 4).

Imagem do código 4

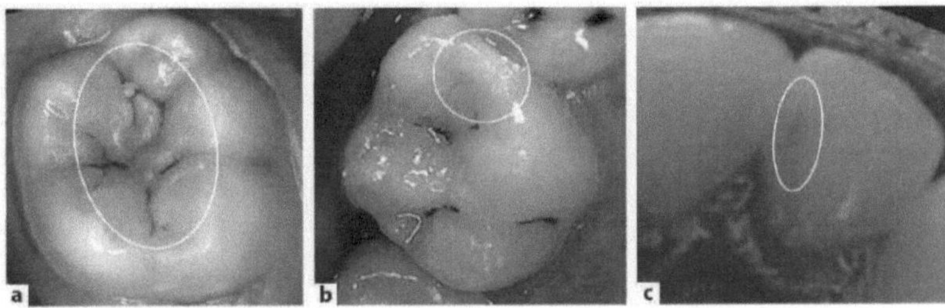

Se a cavitação expõe a dentina, então o processo carioso progrediu para uma fase referida como "cavitação distinta" (código ICDAS 5).

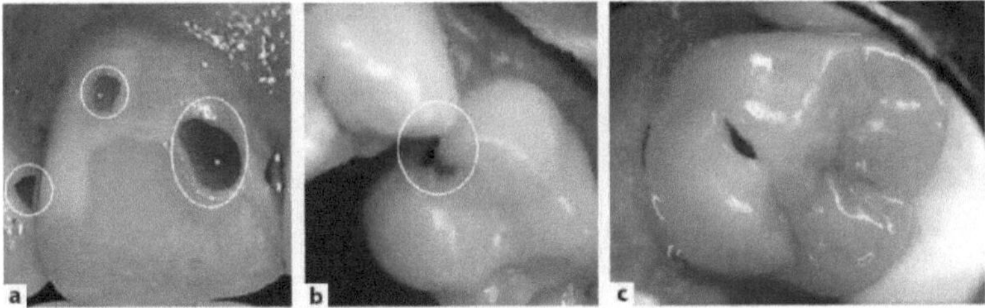

Imagem do código 5

Uma cavidade que destrói pelo menos metade da superfície de um dente é designada por "extensa"[17] (código ICDAS 6).

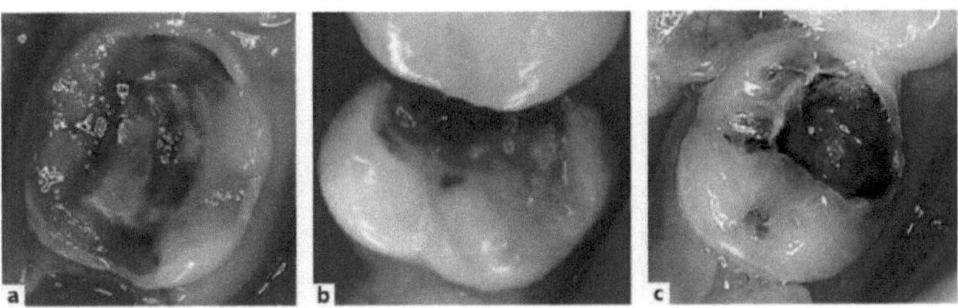

Imagem do código 6

A equipa de colaboração do ICDAS desenvolveu critérios úteis, fáceis de utilizar e claramente definidos para a deteção visual clínica de cáries. O sistema demonstrou ser fiável na deteção de cáries dentárias na superfície coronal do dente, mesmo quando utilizado por examinadores dentários inexperientes. O sistema ICDAS proposto para lesões da superfície radicular pode ter várias vantagens em relação aos métodos tradicionais porque combina a deteção com a avaliação da atividade da lesão. No entanto, o ICDAS ainda carece de definições validadas de atividade de cárie que atualmente praticam e da fiabilidade da deteção de cáries em superfícies dentárias específicas, como as superfícies aproximadas lisas. O sistema ICDAS não distingue entre lesões de cárie activas e inactivas e a omissão de critérios clínicos para determinar a atividade de cárie de uma superfície dentária é um ponto fraco do atual ICDAS.

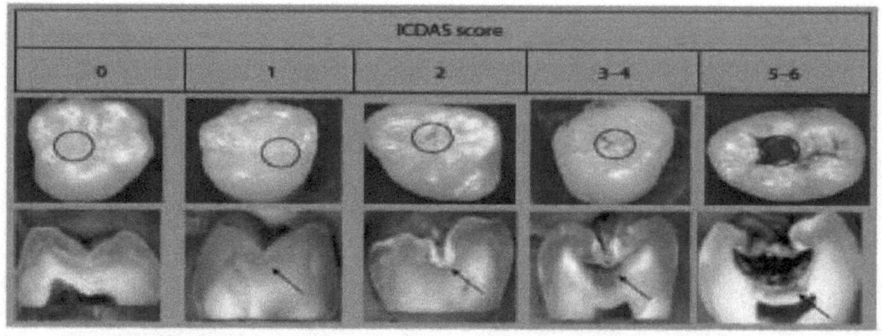

CÓDIGOS ICDAS E IMAGENS HISTOLÓGICAS

CÓDIGOS PARA A DETECÇÃO E CLASSIFICAÇÃO DE LESÕES CARIOSAS NAS SUPERFÍCIES RADICULARES

O Comité Coordenador do ICDAS recomenda que os seguintes critérios clínicos sejam utilizados para a deteção e classificação de cáries radiculares:

1) Cor (castanho claro/escuro, preto)

2) Textura (lisa, rugosa)

3) Aspeto (brilhante ou lustroso, mate ou não brilhante);

4) Perceção de uma apalpação suave (macia, coriácea, dura);

5) Cavitação (perda do contorno anatómico).

Além disso, o contorno da lesão e a sua localização na superfície da raiz são úteis na deteção de lesões de cárie radicular. A cárie radicular aparece como uma descoloração circular ou linear distinta e claramente demarcada na junção cemento-esmalte ou totalmente na superfície da raiz.

Deve ser atribuída uma pontuação por superfície radicular.

As superfícies radiculares facial, mesial, distal e lingual de cada dente devem ser classificadas da seguinte forma.

Código E

Se a superfície radicular não puder ser visualizada diretamente como resultado de recessão gengival ou por secagem suave ao ar, então é excluída. As superfícies totalmente cobertas por cálculo podem ser excluídas ou, de preferência, o cálculo pode ser removido antes de determinar o estado da superfície. A remoção do cálculo é recomendada para ensaios clínicos e estudos longitudinais.

CódigoO

A superfície radicular não apresenta qualquer descoloração invulgar que a distinga das áreas radiculares circundantes ou adjacentes, nem apresenta um defeito de superfície, quer na junção cemento-esmalte, quer na totalidade da superfície radicular. A superfície da raiz tem um contorno anatómico natural, ou a superfície da raiz pode apresentar uma perda definitiva da continuidade da superfície ou do contorno anatómico que não é consistente com o processo de cárie dentária. Estas condições ocorrem normalmente na superfície facial. Estas áreas são tipicamente lisas, brilhantes e duras. A abrasão é caracterizada por um contorno claramente definido com uma borda afiada, enquanto a erosão tem uma borda mais difusa. Nenhuma das condições apresenta descoloração.

Código 1

Existe uma área claramente demarcada na superfície da raiz ou na junção cemento-esmalte que está descolorida (castanho claro/escuro, preto) mas não existe cavitação (perda do contorno anatómico <0,5 mm).

Código 2

Existe uma área claramente demarcada na superfície da raiz ou na junção cemento-esmalte que está descolorida (castanho claro/escuro, preto) e existe cavitação (perda do contorno anatómico >0,5 mm).[19]

ICDAS-2

Foi concebido um sistema de pontuação para avaliar a atividade da lesão com base no poder preditivo do aspeto visual da lesão, na localização da lesão numa área de estagnação da placa e, finalmente, na sensação tátil, áspera/macia ou lisa/dura, quando se passa uma sonda perio-dental sobre a lesão. O ICDAS foi modificado por Ekstrand at el no ano de 2005 para formar o que é atualmente conhecido como o sistema ICDAS -2.

CODE	ICDAS-2	HISTOLOGIC CLASSIFICATION SYSTEM
0	Sound tooth surface	No demineralization
1	First visual change in enamel: 1w(white) or 1b(brown)	Demineralization limited to the outer $\frac{1}{2}$ of the enamel thickness
2	Distinct visual change in enamel: 2w (white) or 2b (brown)	Demineralization between inner $\frac{1}{2}$ of the enamel and outer 1/3 of the dentin
3	Localized enamel breakdown due to caries with no visible dentin or underlying shadow	Demineralization in the middle third of the dentin
4	Underlying dark shadow from dentin with or without localized enamel breakdown	As above
5	Distinct cavity with visible dentin	Demineralization in the inner third of the dentin
6	Extensive distinct cavity with visible dentin	As above

ICDAS -2 SISTEMA DE DETECÇÃO DE CÁRIES E CÁRIES HISTOLÓGICAS SISTEMA DE CLASSIFICAÇÃO

A única diferença entre os dois sistemas foi que a lesão sombreada (pontuação 3) e as lesões micro cavitadas (pontuação 4) no ICDAS - 1 foram trocadas no ICDAS -2; assim, as lesões micro cavitadas passaram a ter pontuação 3 e as lesões sombreadas passaram a ter pontuação 4 no sistema de deteção ICDAS - 2. Como o sistema de pontuação ICDAS - foi originalmente concebido para cáries oclusais por Ekstrand e outros, demonstrou ser um método fiável para a deteção de cáries oclusais. As lesões em que a descoloração devida à desmineralização da dentina cria sombras por baixo do esmalte são geralmente consideradas mais extensas do que as lesões com uma micro cavidade. Esta foi a razão para trocar os códigos 3 e 4 entre o ICDAS- 1 e o ICDAS -2, para assegurar um sistema com códigos que reflectissem uma maior gravidade das lesões.

Na literatura dentária, os dois parâmetros clínicos mais utilizados pelos dentistas no seu esforço para diagnosticar a cárie são a aparência visual da lesão (castanha/branca/cavada) e a sensação tátil (lisa/raspada) quando uma sonda é passada suavemente sobre a lesão. No entanto, num estudo anterior, a combinação destes dois parâmetros, por si só, foi inadequada para determinar a atividade das lesões que ocorrem naturalmente num único exame. A presença de placa bacteriana poderia ser outro indicador da atividade da lesão; no entanto, os sistemas ICDAS defendem a remoção da placa bacteriana antes do exame inicial, de modo a detetar com precisão a lesão, pelo que a placa bacteriana não pode ser utilizada. Consequentemente, foi sugerido o critério de a lesão estar localizada numa área de estagnação da placa (PSA) ou não (não PSA), como substituto para a acumulação de placa, uma vez que, em condições normais, a progressão da lesão só ocorrerá em áreas de estagnação da placa.

PREDITOR DE ACTIVIDADE BASEADO NA LOCALIZAÇÃO DA LESÃO

LESION LOCATED IN A NATURAL CARIOGENIC PLAQUE STAGNATION AREA: (PSA)	LESION LOCATED IN A NOT RELATED NATURAL PLAQUE STAGNATION AREA: (NON - PSA)
Occlusal surfaces: Erupting posterior teeth: the entire occlusal surface Erupting posterior teeth in occlusion: fossea or fissures where a ball ended probe can enter	Occlusal surfaces: Erupted posterior teeth in occlusion: narrow fossea and fissures where a ball ended probe cannot enter either because they are too narrow or too wide (no depth)
Buccal and lingual surfaces: 0 – 400mm from gingival margin measured by the ball ended probe	Buccal and lingual surfaces: >400mm from gingival margin measured by the ball ended probe
Proximal surfaces: Between contact area and gingiva	Proximal surface No adjacent tooth
In addition: Frank cavities with irregular borders	In addition: Open frank cavities with regular borders located away from a natural plaque stagnation area

PREDITOR DE ACTIVIDADE BASEADO NA SENSAÇÃO TÁCTIL (BOLA - SONDA COM EXTREMIDADE)

	ROUGH/ SOFT	SMOOTH/ HARD
ENAMEL	The enamel is obviously rough due to caries and this roughness is not due to staining/partly mineralized debris/calculus/ anatomy	The enamel is smooth to probing. Superficial defects are accepted if they are open and the borders are smooth to probing. Roughness is accepted if it is due to staining partly mineralized debris/ calculus
DENTIN	The exposed dentin is rough/ soft to probing and/or an irregular breakdown/defect with the ball ended probe.	The dentin is hard to probing

A superfície oclusal é complicada. Num pré-molar ou molar em erupção, toda a superfície oclusal é considerada como PSA. Em contraste, num pré-molar ou molar em oclusão funcional, apenas o sistema sulco-fossa é considerado PSA e apenas no caso de não ser demasiado estreito ou demasiado largo. Esta definição está relacionada com os factos de que

1) As superfícies oclusais em erupção, em geral, acumulam significativamente mais placa bacteriana do que os molares totalmente erupcionados

2) Em partes do sistema sulco-fossa semelhantes a fissuras, quer em molares em erupção ou totalmente erupcionados, a taxa de progressão de uma lesão é suscetível de ser mais rápida na entrada das fissuras do que na parte inferior, enquanto que em partes mais abertas do sistema sulco-fossa, a taxa de progressão é igualmente rápida na entrada e na parte inferior.

Com isto em mente, no estudo foi utilizada uma sonda de extremidade esférica com um diâmetro de 400 mm. Assim, se a sonda de extremidade esférica puder entrar na morfologia local (num molar/premolar totalmente erupcionado), deve ser considerada um PSA, enquanto que, se a sonda não puder entrar na morfologia local por ser demasiado estreita ou demasiado larga (sem profundidade), deve ser considerada um não - PSA.

Os critérios tácteis áspero/suave versus liso/duro que devem ser utilizados na avaliação da atividade de cárie estão bem estabelecidos na literatura. No sistema ICDAS, é defendida a utilização de sondas periodontais para evitar defeitos traumáticos no esmalte em resultado da utilização incorrecta de sondas ou exploradores afiados. No entanto, pode argumentar-se que as sondas afiadas e os exploradores podem detetar com maior precisão a rugosidade e a suavidade devidas à cárie do que as sondas de ponta esférica.[20]

CRITÉRIOS DE DIAGNÓSTICO DE CÁRIES FORNECIDOS POR ISMAIL

Os critérios de diagnóstico foram desenvolvidos para um estudo epidemiológico longitudinal de decisões de tratamento restaurador por dentistas que exercem a sua atividade ao abrigo de um programa provincial de seguro dentário para crianças. As lesões cariosas mais frequentes encontradas foram lesões cariosas não cavitadas (incipientes) a 1,5 da linha gengival em superfícies dentárias lisas, e lesões cariosas manchadas ou não cavitadas em fossas e fissuras.

CODE	SURFACES	DEFINITION
00	ALL	Normal enamel color, no carious cavitation
01	PF	Sound with at least one area showing catch of less than 0.5 m depth as measured with # 23 explorer and no other area showing catch of 0.5mm or deeper
02	PF	Sound with at least one area showing a catch of 0.5mm or deeper as measured using # 23 explorer
03	PF RM	After drying and cleaning tooth, examiner visually checks whether tooth surface is cavitated (loss of enamel) or not. If not, and if pits and fissures are colored light or dark brown at base and or/ white change (demineralization) in sides of the pits or fissures is detected, then the area is diagnosed as potentially carious. Stained pits and fissures are also coded in this category
04	S$	Non cavitated carious lesion located on nonsusceptible areas (other than contact areas and the area within 1.5 mm of the gingival line). These lesions should have the following clinical characteristics; they are not hypo plastic or fluorotic areas
05	S	These lesions are different from those classified under 04 by being located in contact area or within 1.5 mm of the gingival line and usually in contact with it. They have a matted surface and are usually covered by dental plaque
06, 07	ALL	A 'cavity' is defined as any loss of tissue beyond the boundaries of developmental pits and fissures on occlusal surfaces and when an actual defect is observed on smooth surface. Arrested cavitated lesions do not have softened floors or sides that can be detected using an explorer with gentle pressure. The lesions are localized

		most often in caries non susceptible areas. The lesion size was classified into small (06) or large (07) using the 0.5mm in diameter of a WHO periodontal probe. A small lesion at a pit or fissure or restoration margin is up to 0.5mm in diameter and on smooth surfaces it is up to 0.5mm deep. A large lesion is the one where the whole ball of the WHO probe will enter
08,09	ALL	Small (08) or large (09) active cavitated lesions contains demineralized dentin (usually light brown in color) and has soft texture upon exploring with gentle pressure. The lesion is usually located in a caries susceptible area.

RM - margem de restauração

+ "potencialmente cariado" é um termo utilizado porque durante o teste e a calibração os examinadores não foram capazes de diferenciar de forma fiável entre coloração e atividade cariosa não cavitada em fossas e fissuras. Esta categoria indica que, embora não esteja presente nenhuma cárie cavitada ativa ou retida, a área da fossa ou fissura não pode ser classificada como sã. A presença de manchas ou cáries não cavitadas teve precedência sobre a presença de fossas e fissuras superficiais ou profundas, porque as primeiras têm maior probabilidade de serem preenchidas.

$ - Aplicável apenas a superfícies dentárias lisas[21]

42

CODE	CRITERIA
0	Sound
1	Active lesion in enamel, without cavity(opaque with a white spot on the surface)
2	Inactive lesion in enamel, without cavity (bright surface with brown discoloration)
3	Active cavity in enamel(opaque enamel surface and loss of substance)
4	Inactive cavity in enamel (bright surface, brown discoloration and loss of substance)
5	Active cavity in enamel/dentin (yellow or light brown discoloration, wet dentin)
6	Inactive cavity in enamel/dentin(dark brown discoloration, hard and dry dentin)
7	Pulpal involvement or root stumps
8	Filled tooth
9	Missing tooth

CAPÍTULO 3

NOVO LIMIAR DE DIAGNÓSTICO DE CÁRIE DADO POR AMARANTE E, RAADAL M, ESPELI

Os critérios foram dados por Amarante e, Raadal m, Espelid I no ano de 1998 para estimar a prevalência de cáries em crianças norueguesas[9]

CÁRIES OCLUSAIS

GRAU 1- Cárie caracterizada por descoloração branca ou castanha sem perda de substância. Sem achados radiográficos.

GRAU 2 - pequena perda de substância com quebra na superfície do esmalte ou fissura descolorante com esmalte adjacente cinzento/opaco e ou/ cárie restrita ao esmalte na radiografia

GRAU 3 - Perda de substância moderada e/ou cárie no 1/3 externo da dentina radiograficamente

GRAU 4 - Perda considerável de substância e/ou cárie no 1/3 interno da dentina, radiograficamente

GRAU 5 - Grande perda de substância e/ou cárie no 1/3 interno da dentina radiograficamente

SUPERFÍCIES VESTIBULAR E LINGUAL (SUPERFÍCIES LISAS)

GRAU 1- Cárie caracterizada por descoloração branca ou castanha sem perda de substância. A superfície baça pode ser vista a secar

GRAU 2 - Pequena perda de substância com fratura na superfície do esmalte

GRAU 3 - Perda moderada de substância com fratura na superfície do esmalte

GRAU 4 - Perda considerável de substância no esmalte com formação moderada de cavidades na dentina

GRAU 5 - Grande perda de substância com formação considerável de cavidades/dentina amolecida

SUPERFÍCIES APROXIMADAS (DIAGNÓSTICO RADIOGRÁFICO)

GRAU 1 - Lesão na metade externa (inicial) do esmalte

GRAU 2 - Lesão na metade externa do esmalte (até à junção esmalte-dentina)

GRAU 3 - Lesão no 1/3 externo da dentina (até 1/3 da espessura da dentina)

GRAU 4 - Lesão no 1/3 médio da dentina (até 2/3 da espessura da dentina)

GRAU 5 - Lesão no 1/3 interno da dentina

CÁRIES SECUNDÁRIAS

GRAU 1 - Cárie caracterizada por descoloração branca ou castanha no esmalte, sem perda de substância e/ou lesão na metade inicial do esmalte radiograficamente

GRAU 2 - pequena perda de substância com fratura na superfície do esmalte e/ou lesão na metade interna do esmalte radiograficamente

GRAU 3 - Perda de substância moderada e/ou cárie no 1/3 inicial da dentina radiograficamente

GRAU 4 - Perda considerável de substância e/ou cárie no 1/3 médio da dentina, radiograficamente

GRAU 5 -Grande perda de substância e/ou cárie no 1/3 interno da dentina radiograficamente

CRITÉRIOS DE DIAGNÓSTICO DE CÁRIE E DE AVALIAÇÃO DA ACTIVIDADE DE EKSTRAND

DETECTION CRITERIA	ACTIVITY CRITERIA
CODE CRITERIA	CODE CRITERIA
0 - No or slight change in enamel translucency after prolonged air drying(> 5s)	0 - No or slight change in enamel translucency after prolonged air drying (>5s)
1 - Opacity or discoloration hardly visible on the wet surface, but distinctly visible after air - drying	1 - Opacity (white) hardly visible on the wet surface, but distinctly visible after air drying 1a - Wet surface, but distinctly visible after air drying
2 - Opacity or discoloration distinctly visible without air drying	2 - Opacity (white) distinctly visible without air drying 2a - Opacity (brown) distinctly visible without air drying
3 - Localized enamel break down in opaque or discolored enamel and/ or grayish discoloration from the underlying dentine	3 - localized enamel break down in opaque or discolored enamel and/ or grayish discoloration from the underlying dentine
4 - Cavitation in opaque or discolored enamel exposing the dentine	4 - cavitation in opaque or discolored enamel exposing the dentine

Ekstrand et al. conceberam um sistema de pontuação inicialmente para detetar lesões oclusais e prever a sua profundidade e, mais tarde, também para avaliar a atividade da lesão. [10]

PONTUAÇÕES E CRITÉRIOS UTILIZADOS POR EKSTRAND ET AL PARA AVALIAR
LESÕES DE CÁRIE RADICULAR EM DENTES PERMANENTES

CRITERIA	POINTS
TEXTURE OF THE LESION WHEN GENTLY PROBED Hard Leathery Soft	0 1 2
CONTOUR OF THE SURFACE No cavitation or the surroundings of the cavity smooth to probing Cavity with irregular borders	1 2
DISTANCE FROM THE LESION TO GINGIVAL MARGIN $\geq 1mm$ ≤ 1 mm	1 2
COLOR OF THE LESION Dark brown/ blackish Light brown/ yellowish	1 2

Uma pontuação total de 3-5 significa que a lesão está parada, uma pontuação total de 6-9 indica uma lesão ativa[18]

SISTEMA UNIVERSAL DE PONTUAÇÃO VISUAL (UniViSS) PARA CARIES DETECÇÃO E DIAGNÓSTICO

O desenvolvimento metodológico do UniViSS teve em consideração os princípios básicos de diagnóstico e os critérios de deteção e diagnóstico de cáries bem aceites, por exemplo, os métodos básicos da OMS, os critérios dados por Ekstrand et al, Nyvad et al, bem como os critérios ICDAS recentemente introduzidos. Além disso, a revisão sistemática de Ismail sobre métodos visuais de deteção e diagnóstico de cáries forneceu informações valiosas. Isto significa que o UniViSS utiliza critérios clinicamente aceites e validados, tais como opacidades brancas e castanhas, microcavidades, ocorrência de rupturas no esmalte e translucidez cinzenta. Mas com as descolorações branco - castanho o UniViSS acrescenta um novo critério que aparece para muitas lesões na prática clínica.

Second step: Discoloration Assessment	First step: Lesion Detection &Severity Assessment					
	First visible signs of a caries lesion	Established caries lesion	Microcavity and/or localised enamel breakdown	Dentin exposure	Large cavity	Pulp exposure
	Score F	Score E	Score M	Score D	Score L	Score P
Sound surface (Score 0)	No cavitations and/or discolorations are detectable.					
White (Score 1)						
White-brown (Score 2)						
(Dark) Brown (Score 3)						
Greyish translucency (Score 4)						

Ao contrário dos sistemas visuais existentes para a deteção/diagnóstico de cáries, que são essencialmente uma sequência de critérios de saudável a severamente cariado, o UniViSS utiliza um procedimento de diagnóstico em três passos para classificar em pormenor a complexa aparência clínica das lesões cariosas. Estes três passos são:

1) Avaliação da gravidade (a gravidade também determina o nível de deteção, se a lesão de cárie estiver presente)
2) Avaliação da descoloração
3) Avaliação da atividade

A atividade da lesão deve ser registada como "sim" ou "não".

O desenvolvimento do UniViSS foi influenciado principalmente pelos resultados de estudos epidemiológicos e de diagnóstico de cárie anteriores efectuados pelos autores, pela enorme base de dados de fotografias de alta qualidade de lesões de cárie, pela experiência clínica dos autores, bem como pelos dados empíricos obtidos durante os testes de praticabilidade. Utilizando esta metodologia, as imprecisões dos sistemas de diagnóstico visual existentes, mencionadas na secção introdutória, foram compensadas. Outra vantagem que merece destaque é a consistência dos critérios para superfícies oclusais e lisas, bem como para dentes decíduos e permanentes. Para as superfícies lisas, a disponibilidade do sistema estende-se às superfícies vestibulares e orais de livre acesso, bem como às superfícies aproximadas. Também permite a deteção visual de cáries e o diagnóstico de defeitos cervicais relacionados com cáries em pacientes idosos. Isto significa que o sistema pode ser utilizado de forma não restritiva em todos os grupos etários.

Second step: Discoloration Assessment	Universal Visual Scoring System for pits and fissures (UniViSS occlusal)					
	First step: Lesion Detection & Severity Assessment					
	First visible signs of a caries lesion	Established caries lesion	Microcavity and/or localised enamel breakdown	Dentin exposure	Large cavity	Pulp exposure
	Score F	Score E	Score M	Score D	Score L	Score P
Sound surface (Score 0)	No cavitations or discolorations are detectable.					
White (Score 1)						
White-brown (Score 2)						
(Dark) Brown (Score 3)						
Greyish translucency (Score 4)						

O UniViSS deve ser entendido como um complemento aos métodos existentes, utilizado para descrever visualmente o aspeto clínico de lesões cariosas não cavitadas com a maior precisão possível. De acordo com os autores, só assim é possível detetar e diagnosticar lesões não cavitadas de forma fiável, melhorar o desempenho de diagnóstico dos métodos visuais, detetar alterações nas lesões cariosas como parte da monitorização da cárie e avaliar a atividade da cárie com maior precisão.

Para avaliar a atividade das lesões de cárie com o UniViSS, é necessário ter em conta o grau de descoloração, bem como as condições clínicas das tabelas acima. Como pressuposto geral, as lesões brancas e branco - castanhas estão associadas a lesões de cárie mais activas, enquanto as lesões castanhas e pretas indicam normalmente *uma* progressão mais lenta da doença. Para além das descolorações, a placa bacteriana é outro fator etiológico que também fornece pistas sobre a atividade de uma lesão de cárie. A localização também desempenha aqui um papel importante. As áreas naturais de estagnação da placa bacteriana, por exemplo, as superfícies vestibulares próximas da margem gengival, as superfícies linguais dos molares no maxilar inferior ou os espaços aproximados, são difíceis de alcançar com a escova de dentes e, por isso, mais susceptíveis de serem afectadas pela cárie.

Devido à classificação meticulosa de todas as fases possíveis do processo de cárie, o UniViSS é capaz de registar logicamente a aparência clínica de todos os tipos de lesões cariosas.[24]

INDICADORES CLÍNICOS DE LESÕES DE CÁRIE ACTIVAS E INACTIVAS NAS FOSSAS E FISSURAS OCLUSAIS

INACTIVE	ACTIVE
Persistence of the lesions over years/decades	Detection within some years after tooth eruption
No plaque coverage	Plaque coverage
Glossy, shiny appearance of the enamel surface after air drying	Matt/frosty/rough appearance of the enamel surface after air drying
No pathological enlargements	Microcavities
Brown discoloration in enamel	White (brown) discoloration in enamel
Hard, dry, discolored dentine	Soft, wet,(un) discolored dentine

INDICADORES CLÍNICOS DE LESÕES DE CÁRIE INACTIVAS E ACTIVAS EM SUPERFÍCIES LISAS

INACTIVE	ACTIVE
Persistence of the lesions over years/decades	Detection within some years after tooth eruption
No plaque coverage	Plaque coverage
Glossy, shiny appearance of the enamel surface after air drying	Matt/ frosty/ rough appearance of the enamel surface after air drying
Lesions located in distance to the gingiva	White spots near the gingival margin
Brown discoloration in enamel	White(brown) discoloration in enamel
Hard, dry, discolored dentine	Soft, wet, un discolored dentine

AS CARACTERÍSTICAS PATHOANATÓMICAS DO ESMALTE E DA DENTINA NAS

LESÕES ACTIVAS E PARADAS

	VISUAL	TACTILE
ENAMEL		
Active	The lesion is whitish/yellowish; the lesion is chalky (lack of luster); the lesion can be cavitated or not	The lesion feels rough to probing; probing might or might not find cavity
Arrested	The lesion is more yellowish/brownish than whitish; the lesion is more shiny than matte; the lesion	The lesion feels more smooth than rough ;probing might or might not find a cavity

	can be cavitated or not	
Coronal dentine		
Active	The lesion may manifest itself as a shadow below the intact but demineralized enamel; if a cavity extends into the dentine, the dentine appears yellowish/ brownish	Dentine soft to probing
Arrested	The lesion may manifest itself as a shadow below the intact but demineralized enamel; if a cavity extends into the dentine, the dentine appears brownish	Harder than at the active lesion but not as hard as sound dentine
Root dentine		
Active	Yellowish/brownish	Soft/leathery
Arrested	Brownish/blackish	Harder but not as hard as sound root dentine

CAPÍTULO 4

REVISÃO DA LITERATURA

Um estudo teve como objetivo investigar o impacto da inclusão de lesões "iniciais" e "de esmalte" nos resultados de um exame clínico de cárie de um grupo com baixa prevalência de cárie. Os objectivos secundários deste estudo foram avaliar a viabilidade da utilização de um microcomputador com o pacote de software CARIES (informação clínica e radiográfica de levantamentos epidemiológicos) que recalcula os dados DMF brutos de acordo com três limiares de diagnóstico diferentes, e examinar até que ponto a percentagem de um grupo identificado como "livre de cárie" mudou quando a sensibilidade do limiar de diagnóstico utilizado foi aumentada. Foram efectuados exames clínicos de cárie a 287 estudantes durante os anos lectivos de 1981 a 1984. O método utilizado baseou-se nas directrizes estabelecidas pelo manual da Organização Mundial de Saúde (OMS) sobre inquéritos orais e pelo guia da OMS para investigações epidemiológicas de saúde oral. Os resultados mostraram que a utilização de tais limiares pode ter um efeito dramático no nível de cárie dentária registado. Os índices DMFT e DMFS quase duplicaram com a inclusão das lesões de "esmalte" e "inicial", enquanto a percentagem "livre de cárie" diminuiu para cerca de % do seu valor D3 com a inclusão destas lesões. Foi evidente que a utilização de critérios que podem ser mal interpretados como sendo semelhantes, quando na realidade utilizam limiares de diagnóstico efectivos diferentes, pode influenciar drasticamente o nível de cárie dentária relatado e, por conseguinte, deve ter-se um cuidado considerável na utilização do termo "livre de cárie" quando foram utilizados limiares de diagnóstico que ignoram as lesões pré-cavitação.[23]

O objetivo de um estudo foi apresentar dados sobre a distribuição de lesões cariosas cavitadas e não cavitadas. Os critérios de diagnóstico foram desenvolvidos para um estudo epidemiológico longitudinal das decisões de tratamento restaurador por parte dos dentistas que exercem a sua atividade ao abrigo do programa provincial de seguro dentário. Foram definidos nove códigos básicos após testes com pacientes. Foi consultado um grupo de peritos e foi desenvolvida e testada uma árvore de tomada de decisões. O estudo concluiu que as lesões cariosas não cavitadas são significativamente mais prevalentes do que as cavitadas.[21]

Um estudo investigou a prevalência de cáries em crianças utilizando um sistema de diagnóstico com classificação de gravidade e para avaliar a influência de diferentes limiares de diagnóstico nos dados de cáries. Um grupo de 513 crianças com 5, 12 e 18 anos de idade foi examinado clinicamente e com radiografias bitewing disponíveis por quatro examinadores calibrados. Os valores médios de dmft/DMFT foram 3,8, 5,8 e 11,0 para os três grupos etários, respetivamente. O componente d/D constituiu a maior parte do índice dmf/DMF em todos os grupos etários, e as lesões de esmalte foram responsáveis por 59%, 89% e 86% do componente d/D - nos três grupos etários, respetivamente. Concluiu-se que as lesões de esmalte ou de cárie inicial contribuíram substancialmente para a prevalência total de cárie, ilustrando a importância da utilização de critérios de diagnóstico que incluam todas as fases da cárie clínica, se for necessária uma imagem total da situação da cárie.[9]

Um estudo realizado em crianças dos 9 aos 14 anos de idade com uma elevada prevalência de cáries que vivem na cidade de Kaunas, na Lituânia, teve como objetivo descrever um novo conjunto de critérios clínicos de diagnóstico de cáries que diferenciam entre lesões de cáries activas e inactivas, tanto no sistema cavitado como no não cavitado, numa população com elevada prevalência de cáries. A distinção entre lesões de cárie activas e inactivas foi feita com base numa combinação de critérios visuais e tácteis. A fiabilidade inter e intra examinador foi avaliada através do exame repetido de 50 crianças por 2 registadores durante um período de 3 anos. Os resultados mostraram que a utilização de um novo conjunto de critérios clínicos de diagnóstico de cáries com base na avaliação da atividade pode ser realizada com uma elevada fiabilidade, mesmo quando o diagnóstico não cavitado é incluído no sistema de critérios.[16]

O objetivo de um estudo foi desenvolver um método para registar a cárie dentária no limiar de diagnóstico DI (esmalte e dentina) (sem perda de informação D3) e avaliar a sua fiabilidade, validade de referência e potenciais efeitos na prevalência de cárie notificada e na avaliação das necessidades. Ensaio de formação, calibração e validação de múltiplos examinadores. Dois grupos de 10 examinadores dentários foram treinados para diagnosticar a cárie dentária no limiar de diagnóstico D1, sob a condição de um inquérito sobre a prevalência da cárie, antes da realização do ensaio de calibração. Avaliados em relação a um examinador de referência, não se registou uma perda significativa de sensibilidade no limiar de diagnóstico D1 em comparação com o limiar D3 e, embora se tenha registado uma perda significativa de especificidade no limiar D1, todos os valores de especificidade podem ser considerados elevados. Concluiu-se que a modificação dos critérios de diagnóstico tipicamente utilizados em inquéritos de prevalência de cáries (para permitir a avaliação dos níveis de cáries do esmalte que poderiam beneficiar de cuidados preventivos, bem como de cáries dentárias que requerem cuidados de restauração) em adolescentes não afecta negativamente a fiabilidade ou a validade de referência de examinadores experientes num grau significativo. [15]

O objetivo de um estudo foi investigar, utilizando dentes extraídos em modelos de arcada, a validade in vitro de um sistema de diagnóstico para avaliar a cárie nos limiares de diagnóstico D1 (esmalte e dentina) e D3 (dentina), para fins epidemiológicos. Dois grupos de 10 examinadores dentários treinados na utilização do Método de Limiar Selecionável de Dundee para o diagnóstico de cáries (DSTM) examinaram cada um (em duas ocasiões) 160 dentes pré-molares e molares permanentes extraídos, colocados em modelos de arcada em cabeças fantasma, de acordo com os códigos e critérios do DSTM. Os dentes foram posteriormente radiografados e seccionados para validação dos diagnósticos. A concordância intra-examinador, de acordo com a estatística kappa, foi substancial. Em termos gerais, os resultados do exercício de validação in vitro demonstraram valores de sensibilidade significativamente mais elevados no limiar de diagnóstico D1 do que os encontrados no limiar de diagnóstico D3, com *a* consequente perda de especificidade. Os resultados deste exercício de validação in vitro demonstram que, no limiar de diagnóstico DI, a sensibilidade do DSTM foi maior do que no limiar D3, indicando que não houve perda de precisão de diagnóstico no limiar DI.[25]

O objetivo de um estudo foi realizar uma investigação in vivo da correlação entre os sistemas de pontuação visual e radiográfica de Ekstrand et al.7 (1997) para o diagnóstico de lesões de cárie oclusal. A amostra do estudo foi composta por 147 sítios oclusais de 23 pacientes. Dois examinadores treinados e experientes realizaram os exames clínicos visuais. Um terceiro examinador, também treinado, experiente e cego para os resultados do exame clínico visual, efectuou a análise das radiografias bitewing. Os resultados mostraram uma forte correlação entre as pontuações para cáries oclusais encontradas nos sistemas de diagnóstico visual e radiográfico utilizados neste estudo. [26]

Um estudo investigou para analisar a reprodutibilidade do ensaio, em diferentes limiares de diagnóstico de cárie dentária, numa avaliação de 12 meses. Foram utilizados os critérios da Organização Mundial de Saúde (OMS), incluindo as lesões iniciais activas (LI). Participaram no estudo crianças de seis a sete anos de idade. Elas foram selecionadas de acordo com a história pregressa e a atividade de cárie dentária. Os dados foram analisados segundo o limiar de diagnóstico da OMS e da OMS+ IL, de acordo com as superfícies dentárias e os dentes. Concluiu-se no estudo que é possível utilizar a metodologia proposta no estudo em levantamentos epidemiológicos quando se examina a dentição mista, embora sejam necessárias novas estratégias para melhorar o treinamento no diagnóstico e calibração da LI.[27]

O objetivo de um estudo foi avaliar a prevalência, a gravidade e os determinantes da cárie dentária, utilizando o Sistema Internacional de Deteção e Avaliação da Cárie (ICDAS). Pessoal treinado entrevistou os principais cuidadores das crianças seleccionadas, e dentistas treinados e calibrados examinaram o cuidador e a sua criança. Os dados utilizados neste estudo incluíram informações recolhidas nos questionários sociais, comportamentais e parentais, no Questionário de Frequência Alimentar por Bloco (ingestão total de açúcar) e em dados recolhidos nas bases de dados da comunidade e dos censos. Os resultados mostraram que mais de 90% dos adultos (idades 14-70 anos, média 29,3) tinham pelo menos uma lesão cariosa não cavitada e 82,2% tinham pelo menos uma lesão cavitada primária. As superfícies dentárias cavitadas foram positivamente associadas à idade, ao estado de higiene oral, à preocupação com os dentes, a uma visita recente ao dentista e ao número de mercearias nos bairros. No entanto, o número de superfícies dentárias cavitadas foi negativamente associado a visitas dentárias preventivas, a uma avaliação positiva do estado de saúde oral e ao número de dentistas numa comunidade. Assim, concluiu-se que a cárie dentária, especialmente na fase não cavitada, é altamente prevalente em adultos de baixo rendimento. Um aumento significativo no número médio de dentes perdidos foi observado após os 34 anos de idade. Este estudo constatou que diferentes indicadores de risco individuais, sociais e comunitários estavam associados a superfícies dentárias não cavitadas versus cavitadas.[28]

O objetivo de um estudo foi determinar o perfil epidemiológico da cárie dentária em crianças pré-escolares de 3 e 4 anos de idade, residentes na Colômbia, e comparar dois índices de cárie diferentes - o padrão def e os novos critérios de diagnóstico de cárie de Nyvad. As crianças foram examinadas por dois examinadores calibrados que primeiro escovaram os dentes das crianças e os secaram ao ar durante 5 segundos antes de serem examinados. Os critérios de diagnóstico utilizados foram o padrão def-t e def-s e o def-t e def- s do novo sistema de diagnóstico de cáries proposto por Nyvad. Os resultados mostraram que a prevalência de cárie foi de 70% usando os critérios padrão def-t e 97% com os critérios propostos por Nyvad. Concluiu-se que a prevalência de cárie era alta, indicando que a população estudada tinha uma alta taxa de doença. Os resultados obtidos com os novos critérios de diagnóstico de cárie de Nyvad, mais detalhados, foram superiores aos obtidos com o índice def-t padrão, tanto para dentes como para superfícies.[11]

O objetivo de um estudo foi avaliar a prevalência, a gravidade e os factores determinantes da cárie dentária utilizando o sistema internacional de deteção e avaliação da cárie. Estes critérios foram desenvolvidos por uma equipa internacional de investigadores da cárie para integrar vários novos sistemas de critérios num sistema padrão para a deteção e avaliação da cárie. Utilizando o ICDAS, os examinadores dentários começam por determinar se uma superfície dentária limpa e seca está sã, selada, restaurada ou ausente. Os examinadores classificaram o estado de cárie de cada superfície dentária usando uma escala ordinal de sete pontos que varia de sã a cavitação extensa. Os critérios também foram considerados como tendo validade discriminatória em análises de factores sociais, comportamentais e dietéticos associados à cárie dentária. A avaliação inicial da plataforma ICDAS revelou que o sistema é prático, tem validade de conteúdo e validade de correlação com o exame histológico de fossas e fissuras em dentes extraídos.[19]

Um estudo investigou a influência de diferentes contextos, epidemiológicos e clínicos, e de diferentes limiares de diagnóstico na deteção de cáries num grupo de crianças dos 7 aos 10 anos de idade no Brasil. No total, 983 crianças de 7 a 10 anos de idade foram examinadas. Para a análise dos resultados, as comparações foram focadas no limiar de diagnóstico da OMS versus limiares de diagnóstico da OMS+LI (lesão inicial), ambos em condições epidemiológicas para demonstrar a influência da inclusão da LI no estudo. Os resultados do estudo mostraram diferenças significativas para todas as medidas de resultados quando comparados com o limiar OMS+IL e concluiu-se que a escolha de um limiar de diagnóstico (OMS OU OMS+IL) e as condições de exame (epidemiológicas ou clínicas) eram importantes para a deteção de cáries.[17]

Um estudo tinha como objetivo criar um índice suplementar para determinar a intensidade da cárie no momento do check-up. O índice seria suplementar aos índices CPOD e CPSD. Foi realizado um exame epidemiológico com o objetivo de estudar a incidência da cárie dentária em 1000 crianças e adolescentes com idades compreendidas entre os 6 e os 15 anos, distribuídos por dez grupos. Foi realizada uma experiência multiexaminador que envolveu calibração e validação. O coeficiente de concordância entre os diferentes examinadores foi de 0,96. Foram calculados os índices CPOD e CPSD para cada faixa etária. Um índice complementar foi criado com base nos critérios de atividade da lesão de cárie. Concluiu-se que a pesquisa epidemiológica realizada permitiu aos examinadores determinar as lesões de cárie ativas. O índice suplementar pode ser utilizado em estudos epidemiológicos de massa destinados a determinar o carácter do processo de cárie atual e a escolher uma abordagem terapêutica adequada para o grupo correspondente. Este índice pode também ser utilizado em estudos comparativos após a aplicação de programas preventivos e terapêuticos destinados a gerir o processo de cárie.[29]

Um estudo tem dois objectivos principais: Estudo (1) testar a reprodutibilidade e precisão dos sistemas de deteção de cáries ICDAS I e ICDAS II; Estudo (2) conceber e testar um sistema de pontuação para a avaliação da atividade de cárie de lesões coronárias. Estudo (1): 141 dentes extraídos foram examinados por dois examinadores usando os sistemas de deteção de cáries ICDAS I e ICDAS II e validados contra um sistema de classificação histológica. Estudo (2): Foi concebido um sistema de pontuação para avaliar a atividade da lesão com base no poder preditivo do aspeto visual da lesão (sistema ICDAS II), na localização da lesão numa área de estagnação da placa bacteriana e, finalmente, na sensação tátil, áspera/suave ou lisa/dura, ao passar uma sonda perio-peri sobre a lesão. A exatidão foi testada num estudo clínico com 35 crianças com 225 lesões/superfícies sonoras e foi validada utilizando o material de impressão Clinpro para validade de construção. Estudo (1): A reprodutibilidade intra e inter-examinadores foi considerada excelente e as associações fortes. Estudo (2): a análise mostrou que o sistema de classificação concebido para determinar a atividade da lesão tinha uma precisão aceitável. Assim, é possível prever a profundidade da lesão e avaliar a atividade das lesões de cárie coronárias primárias com precisão, utilizando o conhecimento combinado obtido a partir da aparência visual, da localização da lesão e da sensação tátil durante a sondagem.[20]

O presente estudo teve como objetivo avaliar a prevalência de lesões de cárie não cavitadas e cavitadas num grupo de crianças turcas de cinco anos de idade. Foi utilizado um conjunto de critérios de diagnóstico de cárie que diferenciava lesões de cárie activas e inactivas, tanto a nível não cavitado como cavitado, para avaliar o estado de cárie das crianças. Os exames foram efectuados em 300 crianças entre os 5 e os 6 anos de idade. O número médio e a prevalência de lesões de cárie activas, superficiais e profundas, cavitadas foram superiores às lesões de cárie activas e inactivas não cavitadas. A superfície mais afetada por lesões cavitadas e não cavitadas foi a oclusal dos segundos molares em ambas as arcadas, enquanto o número médio de ambos os tipos de lesões foi muito mais elevado nos segundos molares inferiores. Foi encontrada uma associação significativa entre a presença de lesões não cavitadas e cavitadas. Concluiu-se que a prevalência de cárie dentária foi relativamente baixa na dentição decídua e que as lesões de cárie cavitadas foram mais comuns do que as lesões não cavitadas, no entanto, a prevalência de lesões não cavitadas activas e inactivas foi consideravelmente elevada.[30]

Um estudo epidemiológico teve como objetivo comparar o resultado do diagnóstico dos critérios da OMS, critérios ICDAS II, medições de fluorescência laser, presença de placa bacteriana e rugosidade como pontuação de atividade nas fissuras oclusais e fossas vestibulares/palatinas dos primeiros molares permanentes. O estudo envolveu 311 crianças entre os 8 e os 12 anos de idade. O estado da cárie de superfície foi registado de acordo com os critérios do método básico da OMS (1997). Adicionalmente, foram documentados os selantes de fossas e fissuras, os critérios visuais do ICDAS II, a leitura do DIAGNOdent, a retenção de placa e a rugosidade da superfície. A experiência de cárie foi de 1,0 DMFS. Cerca de 70% dos alunos examinados não tinham cáries dentárias óbvias na dentição permanente (DMFS = 0). Foram registados selantes em 1,4 fissuras oclusais e 0,4 fossas palatinas/bucais. As lesões de cárie não cavitadas foram registadas como pontuação ICDAS II 1-4 em 1,8 fissuras e 1,5 fossas. A comparação dos métodos de diagnóstico sugere uma relação entre valores mais elevados de pontuação ICDAS II/DIAGNOdent e um aumento proporcional na ocorrência de placa bacteriana, bem como no número de superfícies rugosas. Em conclusão, este estudo demonstrou o potencial de diagnóstico dos critérios ICDAS II em comparação com os critérios tradicionais da OMS, através das lesões de cárie não cavitadas detectadas adicionalmente.[31]

O objetivo de um estudo foi descrever a situação das crianças com cárie dentária na dentição primária completa. O exame clínico foi realizado por 3 examinadores padronizados pelo Sistema Internacional de Avaliação e Deteção de Cárie Dentária (ICDAS). Os resultados mostraram que a prevalência de crianças com cárie dentária foi de 74,7% e uma média de 7,3 ±9,1 áreas afectadas, a experiência de cárie foi de 74,9% com uma média de 7,7- ± 9,7 superfícies afectadas. A prevalência de crianças com pelo menos uma área afetada por lesão cavitária não foi de 73,4%. Concluiu-se que a utilização de sistemas de diagnóstico que incluam lesões de cárie dentária não cavitadas é de grande importância, a elevada percentagem de cárie dentária encontrada neste grupo populacional indica a necessidade de um diagnóstico precoce e ao mesmo tempo de desenvolver actividades preventivas e terapêuticas específicas e adequadas a este grupo etário.[32]

O objetivo de *um* estudo foi avaliar a reprodutibilidade inter e intra-examinador e a precisão do Sistema Internacional de Deteção e Avaliação de Cáries-II (ICDAS-II) na deteção de cáries oclusais. Cento e sessenta e três molares foram avaliados independentemente, duas vezes, por dois dentistas experientes, utilizando o ICDAS-II com classificação de 0 a 6. Os dentes foram preparados histologicamente e classificados utilizando dois sistemas histológicos diferentes e avaliados quanto à extensão da cárie. A sensibilidade, a especificidade e a exatidão foram obtidas nos limiares D2 e D3. O coeficiente Kappa foi utilizado para avaliar a reprodutibilidade inter e intra-examinadores. Os resultados mostraram que, para a classificação histológica de Ekstrand et al., a sensibilidade foi de 0,99 e 1,00, a especificidade de 1,00 e 0,69 e a exatidão de 0,99 e 0,76 em D2 e D3, respetivamente. Concluiu-se que o ICDAS-II apresentou boa reprodutibilidade e precisão na deteção de cáries oclusais, especialmente cáries na metade externa do esmalte.[33]

O objetivo de um estudo foi investigar o aumento da prevalência de cárie em crianças pequenas após a inclusão de lesões iniciais aos limiares de deteção de cárie da OMS, bem como sua influência no perfil epidemiológico da população estudada. Participaram do estudo 351 pré-escolares de 3-4 anos de idade, de ambos os sexos e residentes em uma comunidade brasileira otimamente fluoretada. Os exames clínicos foram realizados por um examinador calibrado, utilizando os seguintes critérios: Organização Mundial da Saúde (OMS) e OMS + Lesões Iniciais (LI). Durante os exames, foram utilizados espelhos, sonda CPI, gaze e luz artificial. Os valores de Kappa intra-examinador ao nível do dente e da superfície foram 0,93/0,87 para os critérios da OMS e 0,75/0,78 para os critérios da OMS+IL. Os resultados mostraram que o número de superfícies cariadas, ausentes e preenchidas foi significativamente mais elevado (p<0,05) quando foi utilizado o critério OMS+IL. A prevalência de cárie dentária foi de cerca de 40% e 70% para os critérios da OMS e OMS+IL, respetivamente. Também foram encontradas diferenças estatísticas entre as crianças livres de cárie de acordo com os dois critérios. Para além disso, as LI foram a lesão de cárie predominante na maioria dos dentes, particularmente nas superfícies lisas. Concluiu-se que o critério OMS+IL utilizado foi capaz de diagnosticar precocemente a cárie dentária em crianças em idade pré-escolar, o que pode fornecer informações úteis para o estabelecimento de medidas preventivas para evitar cavitações francas.[34]

Um estudo comparou três grupos de participantes com diferentes níveis de experiência clínica na utilização do International Caries and Detection System (ICDAS) em superfícies oclusais. Trinta participantes (professores, estudantes de pós-graduação e de licenciatura), após uma palestra e uma sessão de formação prática em duas ocasiões, examinaram 60 superfícies oclusais previamente examinadas por dois examinadores especialistas em critérios. Não se registaram diferenças significativas entre os grupos no que diz respeito à concordância intra e interexaminadores relativamente à gravidade ou atividade do ICDAS nas superfícies oclusais, conforme medido pelo teste kappa. A experiência clínica dentária anterior não parece desempenhar um papel significativo na aprendizagem do ICDAS.[35]

Estudo com o objetivo de sistematizar lesões de cárie com o Sistema de Escore Visual Universal (UniViSS) para lesões em superfícies oclusais e lisas, que pode ser utilizado em dentes decíduos e permanentes, bem como em condições clínicas, epidemiológicas, de saúde pública e laboratoriais. Para além da descrição do desenvolvimento e metodologia do UniViSS, é demonstrado que o UniViSS permite uma classificação precisa e reprodutível de lesões de cárie em superfícies oclusais. O desenvolvimento metodológico do UniViSS teve em consideração os princípios básicos de diagnóstico e os critérios de deteção e diagnóstico de cáries bem aceites, por exemplo, os métodos básicos da OMS, os critérios dados por Ekstrand et al, Nyvad et al, bem como os critérios ICDAS recentemente introduzidos. Isto significa que o UniViSS utiliza critérios clinicamente aceites e validados, tais como opacidades brancas e castanhas, microcavidades, ocorrências de rutura do esmalte e translucidez cinzenta. Ao contrário dos sistemas visuais existentes para a deteção/diagnóstico de cáries, que são essencialmente uma sequência de critérios de "saudável" a "severamente cariado", o UniViSS utiliza um procedimento de diagnóstico de três passos para classificar em pormenor o complexo aspeto clínico das lesões cariosas. Estes três passos são: 1) avaliação da severidade (a severidade também determina o nível de deteção, se uma lesão de cárie estiver presente); 2) avaliação da descoloração e 3) avaliação da atividade. A atividade da lesão deve ser registada como uma decisão sim/não. O UniViSS pode, portanto, ser entendido como um sistema tridimensional de deteção e diagnóstico de cáries. [24]

O objetivo de um estudo foi avaliar a fiabilidade dos critérios de diagnóstico de cáries visual-tátil de Nyvad quando utilizados em crianças que residiram durante toda a vida em áreas com concentrações "óptimas" ou baixas de fluoreto na água potável. Em cada uma de duas áreas com concentrações de fluoreto na água potável de 0,3 e 1,1 ppm (0,3 e 1,1 mg/l) de fluoreto, respetivamente, 150 crianças foram examinadas clinicamente duas vezes, com 2 semanas de intervalo, para deteção de fluorose dentária, utilizando o índice de Thylstrup-Fejerskov (índice TF), e de cárie dentária, utilizando os critérios de cárie visual-tátil de Nyvad. A prevalência de fluorose dentária foi de 45% na área com 1,1 ppm de fluoreto e de 21% na área com 0,3 ppm de fluoreto. Quando os resultados dos registos duplicados de cáries foram comparados ao nível da superfície, apenas foram observadas diferenças mínimas na concordância percentual (91,7 e 90,7%, respetivamente) e nos valores kappa (0,73 e 0,72, respetivamente). Quando as contagens individuais de DFS foram comparadas entre exames usando gráficos de Bland-Altman e estimativa de intervalos de previsão para as diferenças, foi observada uma maior variabilidade das diferenças entre registos entre as crianças da área com baixo teor de flúor. Contrariamente às nossas expectativas, um fundo de fluorose dentária pronunciado não reduziu a fiabilidade dos registos de cárie, que pareceram ser ligeiramente menos fiáveis em níveis muito baixos de fluorose dentária.[36]

Um estudo in vitro de superfícies oclusais em molares decíduos teve como objectivos: (1) avaliar a reprodutibilidade dos sistemas visuais Nyvad e ICDAS-II na deteção de cáries; (2) testar a precisão dos sistemas na estimativa da profundidade da lesão, e (3) examinar a associação entre o sistema Nyvad e o sistema de Avaliação da Atividade da Lesão, um adjunto do ICDAS-II. Duas amostras de molares decíduos extraídos foram avaliadas independentemente por 2 examinadores. A avaliação da placa bacteriana no sistema Nyvad não foi possível. A histologia foi utilizada para validar a profundidade da lesão. A área sob as curvas ROC (A_z), a sensibilidade, a especificidade e a percentagem de concordância de ambos os sistemas foram calculadas nos limiares D1, D2 e D3. Ambos os sistemas apresentaram kappa para a concordância intra e interexaminadores >0,86 e uma boa correlação com a histologia. Eles apresentaram desempenhos semelhantes, exceto que o ICDAS-II mostrou sensibilidade significativamente maior (Nyvad 0,89; ICDAS 0,92) e A_z (Nyvad 0,85;

ICDAS 0,90) para o limiar D1. A correlação entre os sistemas para a atividade da lesão (V de Cramer) foi de 0,71. Portanto, ambos os sistemas visuais são fiáveis e podem estimar a profundidade da lesão de cárie em dentes decíduos. Em condições in vitro, não há grandes diferenças entre o sistema Nyvad e o Lesion Activity Assessment na avaliação da atividade da cárie.[37]

Um estudo avaliou a viabilidade da utilização do Sistema Internacional de Deteção e Avaliação da Cárie (ICDAS-II) em inquéritos epidemiológicos e comparou o ICDAS com os critérios da OMS. Duzentas e cinquenta e duas crianças (36-59 meses de idade) foram examinadas por 2 examinadores, utilizando os critérios do ICDAS-II ou da OMS. O Dmf-t, o dmf-s, a prevalência de cáries e o tempo de exame foram calculados utilizando ambos os sistemas. O ICDAS-II foi comparável aos critérios padrão quando o ponto de corte foi a pontuação 3. O exame pelo ICDAS-II demorou duas vezes mais tempo do que pelos critérios da OMS. Em conclusão, o ICDAS-II, para além de fornecer informações sobre lesões de cárie não cavitadas, pode gerar dados comparáveis a inquéritos anteriores que utilizaram os critérios da OMS[38]

O objetivo de um estudo foi avaliar a validade e a reprodutibilidade dos critérios ICDAS II (International Caries Detection and Assessment System) em dentes decíduos. Três examinadores treinados examinaram independentemente 112 molares decíduos extraídos, variando de clinicamente sãos a cavitados, dispostos em grupos de 4 para imitar as suas posições anatómicas. A cárie mais avançada nas superfícies oclusal e aproximal foi registada. Subsequentemente, os dentes foram seccionados em série e a validação histológica foi efectuada utilizando os sistemas de pontuação de Downer e Ekstrand-Ricketts- Kidd (ERK). Para superfícies oclusais no limiar D /ERK$_{11}$, a especificidade média foi de 90,0%, com uma sensibilidade de 75,4%. Para as superfícies aproximadas, a especificidade e a sensibilidade foram de 85,4 e 66,4%, respetivamente. Para as superfícies oclusais com código ICDAS >3 (limiar ERK$_3$), a especificidade e a sensibilidade médias foram de 87,0 e 78,1%, respetivamente. Para as superfícies aproximadas, os valores equivalentes foram 90,6 e 75,3%. No limiar D$_3$ para as superfícies oclusais, a especificidade e a sensibilidade médias foram de 92,8 e 63,1%, e para as superfícies aproximadas de 94,2 e 58,3%, respetivamente. A reprodutibilidade média intraexaminador (Cohen's kappa) variou de 0,78 a 0,81 no corte do código ICDAS >1 e no corte do código ICDAS >3 de 0,74 a 0,76. A reprodutibilidade interexaminadores foi mais baixa, variando de 0,68 a 0,70 no ponto de corte do código ICDAS >1 e de 0,66 a 0,73 no ponto de corte do código ICDAS >3. Em conclusão, a validade e a reprodutibilidade dos critérios do ICDAS II foram aceitáveis quando aplicados a dentes molares decíduos[39]

O objetivo de um estudo foi avaliar a reprodutibilidade intra e interexaminadores do ICDAS-II no diagnóstico de cáries oclusais quando foram permitidos diferentes intervalos de tempo entre exames. Um objetivo subsidiário foi determinar se o agrupamento dos códigos influenciaria esta reprodutibilidade. As superfícies oclusais de 50 dentes posteriores permanentes foram examinadas por 3 examinadores treinados, utilizando o ICDAS-II na linha de base, 1 dia, 1 semana e 4 semanas após a linha de base. Os resultados mostraram que os valores kappa ponderados para a reprodutibilidade intra e interexaminadores foram de 0,76-0,93. Concluiu-se que o período de tempo não teve um impacto importante na avaliação da reprodutibilidade intra e interexaminadores. O agrupamento dos códigos da ICDAS-II não teve impacto na reprodutibilidade dos examinadores[40] .

O objetivo de um estudo foi determinar a prevalência e o padrão da cárie dentária em crianças em idade pré-escolar para avaliar a cárie de acordo com os critérios d1-d3, que não têm sido amplamente adoptados para o diagnóstico da cárie na dentição decídua. Foram examinadas 762 crianças em idade pré-escolar, com idades compreendidas entre os 4 e os 5 anos, seleccionadas aleatoriamente em 20 jardins-de-infância de diferentes níveis socioeconómicos e educacionais. A cárie foi registada em termos do índice de dentes cariados, perdidos e obturados (dmft) e da escala d1-d3. Os critérios de diagnóstico de cárie incluíram lesões não cavitadas (d1 e d2) e lesões cavitadas (d3). Os resultados mostraram que a cárie dentária foi registada como sendo elevada (dmft médio para a amostra total = 6,82), sendo que apenas 16,87% das crianças estavam livres de cárie. A distribuição da cárie (componente dt) foi ligeiramente superior na arcada superior e no lado esquerdo, sendo os segundos molares os mais afectados e os caninos os menos. Os critérios d1-d3 de cárie para a amostra total mostraram claramente que as lesões d2 eram as mais comuns (47,24%), seguidas pelas lesões d3 e d1 (33,33% e 19,43%, respetivamente). Concluiu-se que a elevada taxa de cárie dentária registada neste estudo para esta idade jovem enfatizou fortemente a necessidade de programas preventivos baseados na comunidade e cuidados profissionais que devem começar na primeira infância. Além disso, os benefícios dos critérios de diagnóstico d1-d3 não podem ser negligenciados.[41]

O objetivo de *um* estudo foi comparar duas recolhas independentes de experiências de cárie dentária nos mesmos adolescentes, utilizando alternativamente dois sistemas de diagnóstico de cárie, o ICDAS-II e o Nyvad, para a elaboração de relatórios. Dois dentistas treinados e calibrados examinaram 101 adolescentes bielorrussos com 16 anos de idade. Com assistência para a introdução de dados, cada dentista examinou alternadamente todos os adolescentes, utilizando exclusivamente um sistema cada um, sendo cada examinador cego em relação à avaliação de cáries do outro. O sistema ICDAS-II foi utilizado sem qualquer componente de atividade. Todas as superfícies dos dentes irrompidos foram examinadas utilizando as instalações convencionais da sala de dentistas. Os resultados sugeriram um bom nível de concordância interna por cada dentista durante o estudo: kappa médio intra-examinador 0,96 (ICDAS-II) e 0,86 (Nyvad) para todas as avaliações dentárias. A estimativa do DMFS médio na dentição permanente foi de 43,55 (21,72) com o ICDAS-II e 30,67 (17,66) com os critérios de Nyvad. A ausência de crianças livres de cárie (0%) correspondeu em ambos os índices. O componente mais variável do DMFS foi o componente cariado, com médias de 37,85 (18,82) para o ICDAS-II e 25,81 (15,22) para o Nyvad. O mesmo valor para o componente preenchido diferiu em 1,11 unidades. Em conclusão, as categorias de escala para os componentes cariados e preenchidos do DMFS, utilizando o sistema ICDAS em comparação com os critérios Nyvad, podem afetar as estimativas da experiência de cárie na dentição permanente[42]

O objetivo do estudo foi relatar a experiência e a prevalência de cáries em crianças idênticas utilizando dois sistemas de pontuação de cáries: Nyvad e ICDAS II. A amostra incluiu 100 crianças bielorrussas em idade escolar (idade média de 12 anos). O exame visual de todos os dentes erupcionados foi efectuado de forma independente por dois dentistas treinados e calibrados em consultórios dentários escolares, utilizando os sistemas Nyvad e ICDAS II. O ICDAS II foi utilizado sem o componente de atividade. Cada examinador não teve conhecimento da avaliação do outro e foi assistido na introdução de dados. Antes do exame dentário, os dentes de cada criança foram escovados. O Cohen's kappa intra-examinador (saudável vs. positivo para cárie) foi de 0,76 para os critérios de Nyvad e de 0,96 para o ICDAS II. O valor médio do DMFS para a dentição permanente foi de 25,15 8 12,66 (DP) pelo ICDAS II e 17,35 8 11,80 (DP) pelo sistema Nyvad. O DMFS médio para os dentes decíduos foi de 2,64 8 4,50 (DP) e 2,59 8 4,24 (DP) para cada sistema, respetivamente. A prevalência de crianças livres de cárie na dentição permanente foi de 0% utilizando ambos os sistemas. Na dentição decídua foi de 42% pelo ICDAS II e 53% pelos critérios de Nyvad. De acordo com os critérios de Nyvad, 92% das crianças tinham pelo menos uma lesão de cárie ativa em ambas as dentições. Em conclusão, as pontuações médias do DMFS em crianças de 12 anos de idade podem variar entre os sistemas de diagnóstico ICDAS II e Nyvad; este facto deve ser tido em conta quando a experiência de cárie é relatada. [43]

O objetivo de um estudo foi determinar a confiança dos médicos dentistas generalistas e a facilidade de utilização na aplicação de cada um dos códigos de deteção de cáries do ICDAS-II após uma breve sessão de formação introdutória. 20 médicos dentistas generalistas receberam formação sobre a utilização dos códigos de cárie primários do ICDAS numa sessão de 2 horas, utilizando imagens clínicas, seguida de uma discussão sobre os códigos. Posteriormente, foi pedido aos examinadores que codificassem 30 dentes extraídos (3 código 0, 5 código 1, 5 código 2, 6 código 3, 3 código 4, 3 código 5, 2 código 6) e que, para cada um deles, dessem uma classificação da sua confiança, bem como da facilidade de escolher o código adequado, utilizando uma escala de Likert de 5 pontos, por exemplo 1 "fácil"; 2 "algo fácil"; 3 "neutro"; 4 "algo difícil"; 5 "difícil". As categorias 1 e 2 foram combinadas (doravante designadas por "fácil"), sendo depois contabilizado o número de espécimes que mais de 75% dos examinadores classificaram como fáceis. Do mesmo modo, as categorias "confiante" e "algo confiante" foram fundidas numa única categoria. Mais de 75% dos examinadores referiram ser fácil, e estavam confiantes, classificar todos os dentes com códigos ICDAS 0, 2 e 6 e 2 dos 3 casos com código 5. Os examinadores mostraram-se menos confiantes com os códigos 3 e 4. O erro mais comum codificado foi um código ICDAS 3

(cavitação do esmalte) sendo registada como 5 (cavitação dentinária). O exercício ilustrou que os examinadores acharam menos fácil e estavam menos confiantes no reconhecimento dos códigos 3, 4 e 5. Sugere-se que, durante a formação, seja dedicado mais tempo à discussão destes códigos, de modo a abordar estas áreas de incerteza. [44]

O objetivo de um estudo foi testar a reprodutibilidade dos critérios de Nyvad e de avaliação da atividade da lesão, quando utilizados por 4 examinadores provenientes de países diferentes. A amostra do estudo foi constituída por 18 habitantes da comunidade Cree, no Canadá, com idades compreendidas entre os 9 e os 40 anos. Antes dos exames de cárie, foram realizados dois dias de formação teórica e prática por investigadores experientes na utilização dos critérios. Os exames dentários foram efectuados em duas sessões com um intervalo de 2-3 dias. As reprodutibilidades inter-examinadores de 4 examinadores e a reprodutibilidade intra-examinador de 2 examinadores foram avaliadas em três limiares de diagnóstico: sólido vs. cariado; sólido ou inativo vs. ativo; sólido ou intacto vs. cavitado. Na dentição permanente, a concordância percentual interexaminadores para a avaliação de som vs. cariado foi de 91-93% (kappa 0,79-0,83), para som ou inativo vs. ativo entre 95-96% (kappa 0,57-0,64), e para som ou intacto vs. cavitado 97-98% (kappa 0,82-0,90). Na dentição decídua, os valores correspondentes foram: 88-92% (kappa 0,67-0,78), 92-97% (kappa 0,39-0,70), e 95-98%, (kappa 0,81-0,90), respetivamente. A concordância intra-examinador de dois examinadores, em todos os limiares, foi de 93-99% (kappa 0,58-0,92). Não foram observadas diferenças sistemáticas entre os 4 examinadores no que respeita às distribuições cumulativas em % dos diferentes parâmetros de cárie. Em geral, a reprodutibilidade intra-examinador dos critérios de Nyvad foi boa. No entanto, a avaliação da variação de diagnóstico observada deve ter sempre em conta o contexto em que os critérios vão ser utilizados.[45]

O objetivo de *um* estudo foi avaliar a confiabilidade intra e interexaminadores dos critérios de diagnóstico de cárie de Nyvad, baseados na atividade da lesão de cárie, em uma população infantil brasileira com alta prevalência de cárie, em dentes decíduos e permanentes. Os códigos de diagnóstico utilizados foram: 0, sadio; 1, ativo (intacto); 2, ativo (descontinuidade de superfície); 3, ativo (cavidade); 4, inativo (intacto); 5, inativo (descontinuidade de superfície); 6, inativo (cavidade); 7, obturação; 8, obturação com cárie ativa; 9, obturação com cárie inativa; 10, extraído. A distinção entre lesões de cárie activas e inactivas foi feita com base em critérios visuais e tácteis combinados. A fiabilidade foi avaliada após 2 dias de formação prática. Os exames foram efectuados num consultório dentário em condições padronizadas. As análises basearam-se em três limiares de diagnóstico de cáries, um que distingue entre lesões de cárie sãs e cariosas; um que distingue entre lesões de cárie sãs/activas e activas; e um que distingue entre lesões sãs/não cavitadas e cavitadas. Foi observada uma elevada percentagem de concordância em todos os limiares de diagnóstico. Os valores de Kappa foram de 0,60-0,90 para os registos intra-examinador e entre 0,58-0,91 para os registos inter-examinador. Em todos os limiares de diagnóstico, os valores de kappa tenderam a ser ligeiramente mais elevados para os dentes decíduos. Os valores kappa mais baixos foram observados quando o ponto de corte foi ativo versus inativo, embora a % de concordância tenha permanecido acima de 91,5. Assim, concluiu-se que os critérios de diagnóstico de cárie de Nyvad podem ser utilizados com uma elevada fiabilidade, quando a avaliação da atividade da lesão é incluída.[46]

O objetivo de um estudo foi determinar a capacidade dos estudantes de medicina dentária em utilizar uma classificação tradicional de cáries (TCC) e o ICDAS, especificamente a capacidade dos estudantes em detetar lesões não cavitadas. No teste de pré-treino, foram mostradas a 45 estudantes de medicina dentária da Universidade de Iowa 34 fotografias de dentes extraídos e foi-lhes pedido que classificassem áreas seleccionadas de acordo com a TCC: sã, incipiente, cavitação do esmalte, cavitação da dentina. Os alunos receberam uma breve sessão de treinamento do ICDAS. No teste pós-formação, foram mostradas aos alunos as mesmas 34 fotografias e foi-lhes pedido que classificassem de acordo com o ICDAS. As classificações dos alunos foram comparadas com o padrão de ouro. Os kappas médios pré-treino e pós-treino foram significativamente diferentes. Considerando especificamente as lesões não cavitadas, no teste pré-treino, a percentagem média de concordância dos alunos com o padrão-ouro foi de 48, enquanto no teste pós-treino foi de 67. A média das concordâncias percentuais pré-formação e pós-formação foi significativamente diferente. Concluiu-se que os estudantes de medicina dentária tinham uma capacidade significativamente maior de classificar lesões cariosas utilizando o ICDAS do que o TCC após uma breve sessão de formação sobre o ICDAS. Os estudantes também tiveram uma capacidade significativamente maior de identificar lesões não cavitadas utilizando o ICDAS, o que pode ser um método valioso na formação de estudantes de medicina dentária sobre como detetar e classificar lesões cariosas.[47]

O objetivo de um estudo foi avaliar a validade e a reprodutibilidade do sistema de pontuação visual universal (UniViSS) em superfícies oclusais in vitro. O estudo de validade incluiu 65 terceiros molares. Depois de chegar a um diagnóstico de consenso do UniViSS para cada superfície, todos os dentes foram preparados histologicamente e avaliados de acordo com o recém-desenvolvido índice de extensão de cárie (CE-index). O estudo de reprodutibilidade consistiu em 149 molares. Estes dentes foram examinados por dois dentistas e quatro estudantes sem qualquer treino de calibração. Como resultado, o CE-index forneceu a profundidade exacta da cárie para cada critério do UniViSS, que poderia ainda ser associado a uma estratégia de prevenção ou tratamento distinta. Os valores médios de Kappa ponderados intra-/inter-examinadores foram de 0,685/0,551 (UniViSS/severidade) e 0,628/0,542 (UniViSS/descoloração).Em conclusão, este estudo sobre o desempenho de diagnóstico do UniViSS apresentou resultados encorajadores e dá pistas valiosas para estudos futuros.[48] Um estudo in-vitro teve como objetivo avaliar a reprodutibilidade intra e inter-examinadores do ICDAS-II no diagnóstico de cáries oclusais para três examinadores e testar se existia uma diferença sistemática entre os valores de kappa quando eram permitidos diferentes intervalos de tempo entre os exames. Um examinador treinou 2 outros examinadores no sistema de classificação do ICDAS-II. As superfícies oclusais de 50 dentes posteriores permanentes foram examinadas pelos examinadores usando os critérios do ICDAS-II (linha de base, T0). Os dentes foram reexaminados numa ordem aleatória após 1 dia (T1), 1 semana (T2) e 4 semanas (T3). Os valores ponderados foram calculados de forma a avaliar a reprodutibilidade intra e inter-examinadores para cada examinador após cada intervalo de tempo. Os valores intra-examinador foram: 0,85-0,93 (T0-T1), 0,85-0,89 (T0-T2), 0,82-0,88 (T0-T3). Os valores interexaminadores foram: 0.78- 0.85 (T0), 0.78-0.90 (T1), 0.77-0.87 (T2), 0.76-0.84 (T3) e o tamanho do efeito foi de 0.05-0.26 indicando nenhum efeito e num caso apenas um pequeno efeito. Os resultados demonstram que os valores foram comparáveis para cada examinador quando os dentes foram investigados em diferentes intervalos de tempo e que o intervalo de tempo não teve um efeito significativo na avaliação da reprodutibilidade dos critérios do ICDAS-II.[49]

O objetivo de um estudo *in vivo* foi avaliar a associação entre vários parâmetros relacionados com as crianças e os seus dentes, e a presença de lesões cariosas activas avaliadas por dois índices visuais diferentes nas superfícies oclusais de molares primários. As superfícies oclusais de 757 molares decíduos de 139 crianças (3-12 anos de idade) foram classificadas como sãs, ou com lesões cariosas inactivas ou activas, utilizando os critérios de Nyvad (NY) e o International Caries Detection and

Assessment System (ICDAS-II) e um sistema suplementar de avaliação da atividade da lesão (ICDAS- LAA). Foram registados vários parâmetros relacionados com o dente e com a criança. As associações entre estes parâmetros e a presença de lesões cariosas activas nas superfícies oclusais foram avaliadas através de uma análise logística multinível. Os resultados mostraram que os dentes do segundo molar primário e as crianças com elevada experiência de cárie apresentavam mais frequentemente lesões cariosas oclusais activas em comparação com lesões cariosas oclusais sãs e inactivas classificadas por ambos os sistemas de pontuação visual. Os dentes com uma placa dentária madura na superfície oclusal e as crianças mais novas apresentavam mais cáries activas do que lesões cariosas oclusais inactivas (excluindo os dentes sãos na análise). A visita prévia ao dentista esteve relacionada a uma menor frequência de lesões cariosas oclusais ativas classificadas apenas por NY, e os molares decíduos superiores apresentaram maior número de lesões cariosas oclusais ativas classificadas pelo ICDAS-LAA. Concluiu-se que a presença de placa dentária madura e o tipo de dente são variáveis relacionadas ao dente associadas às lesões cariosas ativas nas superfícies oclusais dos dentes decíduos, assim como a experiência de cárie anterior e a idade são variáveis relacionadas à criança.[50]

O objetivo de um estudo foi: (a) comparar o sistema de classificação visual de cáries ICDAS II com a radiografia convencional (CR) e digital (DR) para o diagnóstico de cáries não cavitadas em superfícies proximais livres, (b) examinar o potencial da tomografia micro-computada (MCT) para substituir o exame histológico para a avaliação de cáries in vitro. Ambas as superfícies proximais de 20 dentes foram classificadas separadamente por dois examinadores através das modalidades de diagnóstico examinadas. Os dentes foram seccionados e avaliados quanto à profundidade da lesão. As modalidades foram comparadas em termos de grau de concordância entre examinadores, sensibilidade, especificidade, exatidão, valor preditivo positivo e negativo e validade. Foram aplicados dois limiares de diagnóstico: ausência de cárie versus todas as pontuações de cárie (DI) e ausência de cárie dentinária versus cárie dentinária (D3). Os resultados mostraram que os valores kappa ponderados para a reprodutibilidade interexaminadores para todas as modalidades de diagnóstico foram de 0,51-0,81. O exame visual (ICDAS II) alcançou uma sensibilidade significativamente mais elevada (0,92-0,96) e um valor preditivo negativo (0,9-1) do que a radiografia. Do mesmo modo, as modalidades radiográficas apresentaram uma especificidade significativamente mais elevada (0,93-1) e valores preditivos positivos (0,92-1) do que os critérios ICDAS II. O desempenho global da exatidão das modalidades radiográficas estava relacionado com o limiar de diagnóstico. A MCT não concordou com a validação histológica em cada escala de gravidade da doença. Concluiu-se que os critérios ICDAS II são uma ferramenta promissora para o diagnóstico de cáries em superfícies proximais livres.[51]

O objetivo do estudo de coorte de 2 anos (2003 a 2005) foi investigar como a experiência de cárie, nos estágios de lesões iniciais (lesões precoces ou não cavitadas) e cavitadas, prediz o incremento de cárie em dentes permanentes em crianças de 7 a 10 anos de idade. A amostra aleatória de 765 crianças de escolas públicas da cidade de Piracicaba, SP, Brasil, foi dividida em dois grupos: 423 crianças de 7-8 anos e 342 crianças de 9-10 anos. Todos os indivíduos foram examinados por um examinador calibrado, utilizando espelho odontológico e sondas esféricas, após a escovação dos dentes e secagem ao ar livre, com base nos critérios da Organização Mundial de Saúde. As cáries activas com superfícies intactas foram também registadas como lesão inicial (LI). Para a análise estatística foi utilizada a análise univariada (Odds Ratios e Qui-quadrado). Os resultados mostraram que a associação entre o incremento do CPOD (dentes cariados, perdidos e obturados) e a presença de LI foi significativa apenas para as crianças de 9 a 10 anos. As crianças com CPO-D>0 no início do estudo foram mais propensas a ter incremento do CPO-D, com o maior risco de incremento de cárie ocorrendo em crianças de 7-8 anos. Os preditores do aumento de cárie foram a experiência prévia em dentes permanentes para ambos os grupos etários (7-8; 9-10 anos de idade) e a presença de IL (na linha de base) para 9-10 anos de idade[52]

Um estudo comparou o sistema de classificação visual de cáries (Sistema Internacional de Deteção e Avaliação de Cáries [ICDAS II]) com a radiografia convencional e digital para o diagnóstico de cáries não cavitadas em superfícies proximais livres. Também analisaram o potencial da tomografia microcomputada para substituir os exames histológicos na avaliação de cáries in vitro. Os investigadores seccionaram 20 dentes e avaliaram a profundidade da lesão. As modalidades foram comparadas em termos de grau de concordância interexaminadores, sensibilidade, especificidade, exatidão, valor preditivo positivo e negativo e validade. O exame visual (ICDAS II) alcançou uma sensibilidade significativamente mais elevada (0,92-0,96) e um valor preditivo negativo (0,9-1) do que a radiografia, constataram os investigadores. Da mesma forma, as modalidades radiográficas apresentaram especificidade significativamente maior (0,93-1) e valores preditivos positivos (0,92-1) do que os critérios do ICDAS II. Os critérios ICDAS II são uma ferramenta promissora para o diagnóstico de cáries em superfícies proximais livres, e a radiografia digital e a radiografia convencional apresentam um desempenho comparável.[53]

Os objectivos de um estudo foram: 1) avaliar a reprodutibilidade intra e interexaminadores do Sistema de Pontuação Visual Universal (UniViSS) e 2) determinar as deficiências relevantes que devem ser eliminadas durante o treinamento de calibração posteriormente. Para testar a reprodutibilidade, foi selecionada uma amostra de 149 terceiros molares sãos e não cavitados e o inaugurador do UniViSS, bem como 6 examinadores adicionais, participaram neste estudo. Todos os examinadores receberam uma breve introdução ao UniViSS. Os valores médios de kappa ponderado intra/interexaminadores foram 0,663/0,554 (UniViSS/severidade) e 0,634/0,545 (UniViSS/descoloração). Os resultados mostraram que, no caso do escore UniViSS/severidade, tanto os dentistas quanto 2 dos 4 alunos não apresentaram diferença significativa em relação ao inaugurador do método (D1). No caso do UniViSS/escore de descoloração, apenas um dos dentistas experientes reproduziu os resultados. Em conclusão, este estudo mostrou uma reprodutibilidade boa a moderada para o UniViSS. Uma vez que esta investigação não incluiu uma formação extensiva de calibração, parece ser possível melhorar a reprodutibilidade se for efectuada uma formação sistemática. Tendo em conta os resultados, em que a reprodutibilidade da pontuação UniViSS/severidade parece ser mais fiável em comparação com a pontuação UniViSS/descoloração, a classificação correcta desta última tem de ser treinada de forma mais extensiva antes do início de um estudo de diagnóstico utilizando o UniViSS.[54]

Um estudo analisou o padrão de cárie na dentição permanente de crianças de 10 anos de idade e se o estado de cárie dos primeiros molares permanentes (PMF) deveria ser descrito em pormenor, incluindo lesões de cárie não cavitadas e selantes (FS). 693 crianças de 10 anos de idade foram examinadas em relação a cáries de superfície e os FS de fossas e fissuras foram registados de acordo com os critérios do método básico da OMS (1997). As lesões de cárie não cavitadas foram documentadas com o Sistema de Pontuação Visual Universal (UniViSS). Os resultados mostraram que 47,3% e 79,9% das crianças não tinham cáries e/ou obturações nas dentições mista (dmf/DMF=0) e permanente (DMFS=0). A experiência de cárie foi de 0,4 DMFS. As lesões de cárie não cavitadas foram registadas em 1,8 superfícies. 93,9% de todas as lesões de cárie não cavitadas foram documentadas também em molares. A análise da superfície revelou que quase um terço destas lesões estavam localizadas nas superfícies oclusal, oral e vestibular. Enquanto as descolorações castanhas foram mais predominantemente encontradas nas fissuras oclusais e as lesões de manchas brancas foram normalmente registadas em superfícies lisas. Concluiu-se que as lesões de cárie não cavitadas devem ser incluídas na prevalência e documentar que os molares permanentes são os dentes mais susceptíveis à cárie em populações de baixo risco.[55]

Um estudo teve como objetivo comparar o desempenho clínico de dois conjuntos de critérios de pontuação visual para detetar a gravidade da cárie e avaliar o estado de atividade da cárie em superfícies oclusais. Foram comparados dois sistemas de pontuação visual, os critérios de Nyvad (NY) e o ICDAS-II, incluindo um sistema adjunto para avaliação da atividade da lesão (ICDAS-LAA), utilizando 763 molares decíduos de 139 crianças com idades compreendidas entre os 3 e os 12 anos. Os exames foram efectuados por 2 examinadores calibrados. Uma subamostra (n = 50) foi recolhida após a extração e foi realizada histologia com corante vermelho de metilo a 0,1% para validar a profundidade e a atividade da lesão. A reprodutibilidade dos índices foi calculada (teste kappa) e foi efectuada uma análise para avaliar a sua validade e os parâmetros relacionados foram comparados utilizando o teste de McNemar. A associação entre os índices e o exame histológico foi avaliada utilizando o coeficiente de correlação de Spearman. Os critérios visuais mostraram uma excelente reprodutibilidade, tanto em relação à gravidade como à atividade. O NY e o LAA mostraram boa associação na avaliação da atividade de cárie. No entanto, considerando apenas as lesões cavitadas, essa associação não foi significativa. Em relação à severidade, ambos os índices apresentaram parâmetros de validade semelhantes. No limiar D2, a sensibilidade foi maior para o NY. Em relação ao estado de atividade, o NY apresentou especificidades e precisões mais elevadas. Em conclusão, os critérios de NY e ICDAS-II são comparáveis e apresentam boa reprodutibilidade e validade para detetar lesões de cárie e estimar a sua gravidade, mas o LAA parece sobrestimar a avaliação da atividade da cárie em lesões cavitadas em comparação com NY.[56]

Foi realizado um estudo em crianças entre os 2,5 e os 4 anos de idade seleccionadas a partir dos ficheiros de uma instituição de saúde na Colômbia. Os pacientes foram examinados utilizando os critérios modificados do Sistema Internacional de Deteção e Avaliação da Cárie (ICDAS); o primeiro código de cárie não foi utilizado. O exame clínico foi realizado por três examinadores previamente treinados no ICDAS. A concordância entre os examinadores foi classificada como boa. A prevalência de lesões não cavitadas em pelo menos uma superfície dentária foi de 73,4%. As lesões cavitadas foram mais frequentes nas superfícies lisas do que nas superfícies oclusais. Apenas 25,1% (112,5) das crianças não apresentavam sinais clínicos de cárie de acordo com os critérios do ICDAS. Concluiu-se que a cárie dentária é uma condição altamente prevalente nesta população colombiana, sendo o principal contribuinte as lesões não cavitadas.[57]

Um estudo teve como objetivo avaliar a capacidade do International Caries Detection and Assessment System (ICDAS) em discriminar fatores socioeconômicos associados à presença de lesões de cárie nos limiares não cavitado e cavitado e comparar com os critérios padrão da Organização Mundial da Saúde (OMS) em crianças pré-escolares. O estudo foi realizado em Amparo, Brasil, durante o Dia Nacional de Vacinação Infantil, incluindo 252 crianças com idade entre 36 e 59 meses. A mesma criança foi examinada independentemente por dois examinadores calibrados, um usando o ICDAS e o outro usando os critérios da OMS. Foi também registada informação socioeconómica. As associações entre os factores socioeconómicos e a presença de cárie, avaliada como resultado binário (prevalência de cárie) e de contagem (valores reais de dmfs) obtidos pelos critérios da OMS e pelo ICDAS nos limiares não cavitado e cavitado, foram avaliadas através da análise de regressão de Poisson com variância robusta. Os resultados mostraram que algumas covariáveis foram significativamente associadas à presença de cárie avaliada pelos critérios da OMS e pelo ICDAS (usando o escore 3 como ponto de corte). Quando os escores não cavitados do ICDAS foram usados para calcular a presença de cárie, o poder discriminante diminuiu. Quando os valores de dmfs foram utilizados como resultado, não foram observadas diferenças nas associações entre dois sistemas ou utilizando lesões de cárie não cavitadas. Concluiu-se que as pontuações cavitadas do ICDAS apresentam uma validade discriminante semelhante em comparação com os critérios da OMS quando a presença de cárie é utilizada como resultado; no entanto, quando são utilizados os valores reais de dmfs, não se observam diferenças na utilização de lesões de cárie não cavitadas ou cavitadas.[58]

Um estudo teve como objetivo avaliar as modalidades de tratamento e a progressão das lesões de cárie precoce durante 2 intervalos [da linha de base aos 12 meses (INI) e dos 8 aos 20 meses (IN2)], utilizando o International Caries Detection and Assessment System II (ICDAS-II). Todos os participantes de 3 escolas rurais forneceram consentimento informado. Após cada exame, todos os participantes receberam referências e foram instruídos a marcar consultas com o seu dentista. Os exames de base e de 12 meses foram exames de boca inteira. Para os exames de 8 e 20 meses, apenas os molares foram examinados. A progressão e o tratamento de lesões precoces de cárie (códigos 0, 1,2, 3) foram avaliados para IN1 e IN2. As lesões de código 0 : Em ambos os intervalos, 90% permaneceram estáveis; 5% aumentaram de gravidade; 1% foram preenchidas; 1% das superfícies foram seladas. Lesões de código-1: 40% em IN1 e 35% em IN2 permaneceram estáveis; em ambos os intervalos, 20% progrediram em termos de gravidade; 35% em IN1 e 44% em IN2 diminuíram em termos de gravidade; ambos os intervalos apresentaram 5% de superfícies preenchidas. Lesões de código 2: 45% em IN1 e 49% em IN2 permaneceram estáveis; 16% em IN1 e 10% em IN2 aumentaram de gravidade. Lesões de código 3: 23% em ambos os intervalos permaneceram estáveis; 36% em IN1 e 56% em IN2 aumentaram de gravidade; 29% em IN1 e 22% em IN2 diminuíram de gravidade; 10% das lesões em IN1 e 15% em IN2 foram preenchidas. Verificou-se a falta de utilização de selantes nos estágios iniciais das lesões. A tendência foi a realização de restaurações dentárias mesmo nesses estágios iniciais. As lesões com pontuação 3 tenderam a progredir mais em gravidade em comparação com as lesões com pontuação mais baixa.[59]

CAPÍTULO 5

DISCUSSÃO

Durante os últimos 100 anos, a profissão de dentista fez progressos significativos na redução do peso da cárie dentária nos países economicamente desenvolvidos. Os avanços científicos e tecnológicos durante o século XX revolucionaram profundamente a forma como a medicina dentária é praticada e como as doenças dentárias são geridas. No entanto, embora a cárie dentária ainda represente a principal doença crónica que aflige os seres humanos, a aplicação da compreensão do processo dinâmico de desenvolvimento da cárie ainda não foi amplamente incorporada na prática e investigação dentárias. Os sistemas de critérios utilizados para a deteção clínica de lesões de cárie ainda não foram examinados de acordo com os protocolos padrão utilizados nas ciências sociais e clínicas. A validade de conteúdo dos critérios de deteção de cáries ainda não foi investigada. A importância do "primeiro passo" (ou *seja, a* deteção e o diagnóstico) na gestão da cárie não tem sido amplamente reconhecida. As razões pelas quais as lesões precoces não cavitadas devem ser incluídas nos novos sistemas de diagnóstico da cárie dentária são as seguintes;

1) Há evidências - mesmo em estudos publicados nas décadas de 1940, 1970, 1980 e 1990 - de que as lesões de cárie não cavitadas são mais prevalentes do que as lesões cavitadas em países economicamente desenvolvidos (Ismail, 1997; Amarante *et al.*, 1998). 2) As lesões de cárie não cavitadas têm maior probabilidade de serem restauradas em comparação com as superfícies dentárias sãs (Ismail e Gagnon, 1995; Ismail *et al.*, 1997).

3) As lesões não cavitadas, especialmente nas superfícies lisas dos dentes em crianças pequenas, podem servir como indicadores da atividade da cárie (Domoto *et al.*, 1994; Grindefjord *et al.*, 1995; Imfeld *et al.*, 1995).

4) A inclusão de lesões não cavitadas pode proporcionar uma melhor compreensão do mecanismo de ação do flúor, dos selantes e de outros agentes preventivos (Ismail, 1997).

5) A inclusão de sinais precoces do processo de cárie melhora a precisão dos ensaios clínicos de agentes preventivos (Howat *et al.*, 1981).

[st]Assim, da discussão anterior pode deduzir-se que o princípio orientador de qualquer novo sistema de diagnóstico no século XXI deve ser a sua validade contemporânea, desde que seja acompanhado por um protocolo pormenorizado de calibração dos examinadores.

O exame visual é o método mais comummente utilizado para a deteção de cáries, porque é uma técnica fácil que é realizada por rotina na prática clínica. O exame visual demonstrou ter uma elevada especificidade (proporção de locais sãos corretamente identificados), mas uma baixa sensibilidade (proporção de locais cariados corretamente identificados), bem como uma baixa reprodutibilidade, esta última devido à natureza subjectiva do procedimento. A utilização de sistemas visuais detalhados poderia melhorar a sensibilidade e ajudar a minimizar a subjetividade nas interpretações individuais dos examinadores sobre as diferentes características de uma lesão, melhorando assim a reprodutibilidade. Tais sistemas podem também descrever as características de todas as fases clinicamente relevantes do processo de cárie, tornando-os um método económico de registo de cáries. [14]

É lamentável que o padrão atual para a deteção e avaliação da cárie dentária no planeamento de programas de saúde pública dentária na maioria dos países se baseie nos critérios da OMS [1997] ou do NIDCR [Radike, 1968; NIDCR, 1987], que medem a cárie dentária ao nível da cavitação ou da "maciez". Como resultado, todos os países têm dados sobre a prevalência de lesões cariosas cavitadas, mas não sobre a prevalência de lesões cariosas não cavitadas ou precoces. Ter esta última informação pode ajudar os programas de saúde pública dentária a conceber programas de prevenção secundária direccionados para evitar a progressão das lesões cariosas.[60]

Pelo contrário, os critérios de deteção de cáries do sistema de diagnóstico de Nyvad distinguem entre lesões de cárie activas e inactivas. Este sistema demonstrou ter uma boa fiabilidade e também validade de construção e preditiva para a avaliação da atividade da cárie. Neste sistema, se a lesão estiver ativa e cavitada, é recomendado o tratamento operatório. Se estiver ativa e não cavitada, recomenda-se o tratamento não operatório e preventivo. Até à data, não foi avaliada a capacidade do sistema Nyvad para estimar a profundidade da lesão.[16]

Este sistema fornece uma melhor orientação sobre as opções de gestão adequadas para as lesões de cárie. A utilização destes critérios clínicos resulta na deteção de um número substancialmente maior de lesões de cárie aproximadas do que o método radiográfico tradicional de bitewing, tal como demonstrado nos estudos realizados por Machiulskiene V et al em 1999 e 2004, proporcionando assim meios para melhorar a gestão não operatória da cárie. Os estudos demonstraram que a concordância interexaminador e intraexaminador pode ser elevada para o diagnóstico de lesões não cavitadas após uma formação e calibração extensivas dos examinadores nos inquéritos epidemiológicos. As concordâncias inter e intraexaminadores foram de 0,70 e 0,69, respetivamente.[61]

Quando comparamos os critérios de Nyvad com o índice def podemos ver que o sistema proposto por Nyvad avalia a cárie a partir da lesão inicial ou pré-cavitada, enquanto o índice def conta a doença apenas quando esta se encontra no estado de cavitação , portanto subestimando a   prevalência e a   gravidade da cárie.[11]

Quando os critérios de Nyvad foram comparados com a avaliação da atividade pelo sistema LAA (lesion activity assessment) verificou-se que no sistema de Nyvad, apenas uma pontuação pode ser atribuída a todas as características observadas da lesão, que acaba por ser classificada como inativa ou ativa. Assim, neste sistema, se uma lesão apresenta pelo menos uma caraterística compatível com uma lesão ativa, o examinador deve classificar a lesão como ativa. Utilizando o LAA, se uma lesão apresentar dois critérios clínicos compatíveis com uma lesão ativa e outro que não o seja, os dois primeiros critérios terão um peso maior do que o fator único.

Numa tentativa de propor um sistema de deteção de cáries aceite internacionalmente, foi criado em 2002, por um grupo de cariologistas e epidemiologistas, um novo índice para o diagnóstico de cáries, o Sistema Internacional de Avaliação da Deteção de Cáries, baseado no exame visual auxiliado pela sonda da OMS. O nome abreviado deste sistema é ICDAS. Este sistema é uma modificação de um sistema anterior de pontuação de lesões de cárie classificadas visualmente que demonstrou detetar lesões oclusais em dentes permanentes e avaliar a sua profundidade com precisão e reprodutibilidade aceitáveis.

A validade do ICDAS foi testada e expressa de várias formas. Por exemplo, o ICDAS apresentou validade de conteúdo, ou seja, o sistema é compreensível para descrever e medir os graus de gravidade das lesões de cárie[19] . O ICDAS foi concebido para satisfazer os seguintes conceitos de validade de conteúdo:

1) Medir as fases do processo carioso e não apenas a fase "cariada

2) Fornecer critérios de exclusão pormenorizados de lesões não cariosas (coloração, fluorose, opacidades)

3) Definir os termos e descrições utilizados para medir o processo de cárie Outro método para validar os critérios de cárie baseia-se na correlação quantitativa entre a avaliação clínica das superfícies dentárias e a presença histológica ou extensão da desmineralização no esmalte e na dentina.

Além disso, foi demonstrada uma correlação significativa com a profundidade da lesão no exame histológico.

A validade de critério do ICDAS, que significa o grau de correlação do sistema com a gravidade real da lesão de cárie, também foi observada in vitro para dentes permanentes e decíduos. O seu desempenho variou de moderado a bom. Em termos de valores, a sensibilidade para superfícies oclusais variou de 0,63 a 0,82 e a especificidade de 0,63 a 0,94.[28]

Em dentes decíduos, o ICDAS não consegue distinguir com precisão entre lesões relacionadas com a metade externa ou interna do esmalte; isso pode ser feito com bastante precisão em dentes permanentes. Uma explicação para esta diferença de desempenho é o facto de o esmalte dos dentes decíduos ser muito mais fino em comparação com o esmalte permanente.

Poucos estudos foram realizados em superfícies proximais utilizando o ICDAS. Em geral, a reprodutibilidade entre examinadores tem sido semelhante à observada para superfícies oclusais. O sistema apresentou bom desempenho (alta sensibilidade e especificidade) para condições in vitro. A sua sensibilidade foi baixa para cáries proximais in vivo, enquanto a especificidade foi elevada, mesmo quando se considerou o limiar não cavitado. Estas propriedades devem encorajar a utilização do ICDAS também na deteção de cáries proximais, embora outros métodos adicionais devam ser adicionados para melhorar a sensibilidade nestas superfícies.

O ICDAS tem validade discriminatória, ou seja, é capaz de discriminar entre grupos de crianças e adultos com diferentes exposições a factores de risco e tem fiabilidade quando a gravidade global é avaliada numa população. Quando o ICDAS foi utilizado por examinadores sem experiência prévia em exames dentários epidemiológicos, verificou-se que cada um deles foi capaz de o reproduzir, mostrando assim a fiabilidade do sistema de deteção de cáries.

Inicialmente, o ICDAS foi concebido como um sistema de deteção de cáries primárias. Recentemente, foram criados critérios complementares para a avaliação da atividade. Assim, o sistema também pode ser utilizado para a avaliação da atividade da lesão de cárie (LAA). A LAA baseia-se no conhecimento combinado da aparência clínica da lesão, se a lesão se encontra ou não na área de estagnação da placa bacteriana e na sensação tátil quando uma sonda OMS de extremidade esférica é suavemente passada sobre a superfície do dente. Estes critérios relacionados com a atividade recebem uma pontuação individual com base no valor preditivo na determinação do estado de atividade, e a soma destes pontos é avaliada com base num ponto de corte. Estes critérios individuais apresentaram valores de reprodutibilidade intra e interexaminadores moderados a bons, bem como bons resultados de reprodutibilidade para o sistema em geral. Este sistema também apresentou validade de construção, ou seja, o sistema é capaz de refletir conceitos teóricos relativos ao processo de cárie.

Dois estudos já utilizaram o sistema ICDAS + LAA na avaliação da atividade da cárie. Um desses estudos concluiu que as áreas de estagnação da placa bacteriana estavam mais associadas ao estado de atividade da lesão de cárie do que a textura da superfície. O outro estudo utilizou o sistema com sucesso para verificar uma associação entre a atividade da lesão de cárie e alguns parâmetros biológicos. Os resultados sugeriram que a utilização deste sistema poderia sobrestimar o estado de atividade da lesão de cárie em dentes decíduos, porque as lesões cavitadas seriam invariavelmente consideradas activas, o que não é certo em todos os casos.

Utilizando o ICDAS em combinação com os critérios LAA, é possível detetar a lesão, estimar a sua profundidade ou gravidade e avaliar a sua atividade, que são todos pré-requisitos fundamentais para o diagnóstico e gestão da lesão individual.[61]

As alterações subtis na superfície do dente em muitos dos sistemas de classificação visual não foram relacionadas com a histopatologia da doença e, como tal, muitas lesões não foram detectadas ou simplesmente não foram incluídas nos critérios. Um dos objectivos do sistema ICDAS -2 é ultrapassar esta lacuna, caraterizar e descrever as primeiras alterações visíveis devidas à cárie em todas as cáries coronais até à cavitação franca e como estas fases se relacionam com a histopatologia da doença. O ICDAS - 2 é uma abordagem padronizada para registar e caraterizar a cárie

lesões que se relacionam com a histopatologia da doença podem ser desenvolvidas para utilização por investigadores, epidemiologistas, clínicos e professores.[20]

De acordo com um estudo, o ICDAS - 2 é viável em inquéritos epidemiológicos em crianças em idade pré-escolar. Verificou-se que o tempo médio de exame com o ICDAS -2 era quase o dobro do tempo do sistema da OMS e que o tempo de exame mais longo poderia ser um fator limitativo na utilização do ICDAS- 2 em levantamentos de cáries. O ICDAS -2 demonstra reprodutibilidade e precisão de diagnóstico para a deteção de cáries oclusais em diferentes fases do processo da doença. Os valores kappa ponderados para a reprodutibilidade inter e intra examinador para o exame ICDAS - 2 foram de 0,62 - 0,83.[38]

Ambos os sistemas de deteção de cáries ICDAS 1 e 2 são válidos e fiáveis para detetar cáries e prever a profundidade da lesão em qualquer superfície coronal, uma vez que o sistema de pontuação ICDAS tem as suas origens concebidas para cáries oclusais por Ekstarnd. A utilização do sistema ICDAS permite a avaliação de lesões cavitadas e não cavitadas. Isto ajuda a detetar associações de forma mais sensível durante um curto período de acompanhamento, diminuindo assim a duração dos ensaios clínicos.[20]

Trabalhos recentes incluíram a validação dos critérios do ICDAS nas superfícies aproximadas de dentes permanentes e decíduos. Martignon et al. realizaram um estudo para determinar a relação entre a severidade da lesão avaliada pelos critérios do ICDAS e a profundidade histológica nas superfícies aproximadas sãs e cariadas de 140 dentes permanentes e 108 dentes decíduos. A reprodutibilidade intra-examinador (κ) para as pontuações do ICDAS foi de 0,86 e 0,92 para os dentes permanentes e decíduos, respetivamente. O estudo mostrou que a correlação entre as pontuações do ICDAS e as alterações histológicas foi excelente, tanto para lesões proximais primárias como permanentes; a reprodutibilidade intraexaminador também foi excelente.

Shoaib et al. confirmam estes resultados nos dentes decíduos num estudo in vitro para avaliar a reprodutibilidade da deteção de cáries oclusais e aproximais em dentes decíduos utilizando os critérios ICDAS II. A reprodutibilidade intra-examinador variou de 0,74 a 0,83 e de 0,72 a 0,85, nos limiares de diagnóstico dos códigos DI e ICDAS II 2/3, respetivamente. A reprodutibilidade interexaminadores variou de 0,60 a 0,72 e de 0,63 a 0,80 nos limiares de diagnóstico DI e código 2/3. Estes valores representam geralmente uma "concordância substancial". A reprodutibilidade do ICDAS II foi aceitável quando aplicado a dentes molares decíduos.

A reprodutibilidade e exatidão inter e intra-examinadores na deteção e avaliação de cáries oclusais foi confirmada por Jablonski-Momeni et al. em dentes extraídos.

Ismail et al. recolheram dados semelhantes e encontraram uma fiabilidade interexaminadores boa a muito boa entre dentistas gerais dos EUA que receberam formação durante um período de 1 semana. Os coeficientes κ para a concordância interexaminadores variaram entre 0,74 e 0,88. Os coeficientes κ intra-examinador para os dois examinadores principais foram de cerca de 0,78.

Ekstrand et al. relataram que os coeficientes κ intra-examinador ao examinar dentes extraídos usando o ICDAS I foram substanciais (κ = 0,87). A fiabilidade interexaminadores foi de cerca de 0,80.

Os dados dos numerosos estudos da Universidade de Indiana mostraram que os critérios ICDAS são uma ferramenta fiável e eficaz para várias aplicações. Foram aplicados com sucesso em diferentes tipos de estudos, estudos in vitro e estudos clínicos (estudo de validação, cárie secundária, epidemiologia, estudo sobre factores de risco de cárie e ensaio clínico), em diferentes dentições (dentes decíduos e permanentes), em diferentes grupos etários (crianças, adolescentes, jovens adultos, adultos) e por vários examinadores com diferentes formações, bem como exposição prévia e experiência com os critérios.

Foram realizados vários estudos de formação e calibração em Indiana e em locais de cooperação. Os critérios do ICDAS foram utilizados num projeto no México, onde os factores de risco de cárie e os indicadores medidos em 5 populações de aldeias rurais foram correlacionados com a prevalência de cárie. A fiabilidade intra-examinador deu um κ ponderado de 0,93.

COMPARAÇÃO DOS CÓDIGOS ICDAS COM OUTROS SISTEMAS DE DETECÇÃO DE CÁRIES

Os códigos ICDAS foram desenvolvidos para permitir a comparabilidade com outros sistemas de deteção de cáries, tais como os métodos básicos da OMS. Foram realizados alguns trabalhos interessantes utilizando estes dois sistemas de critérios em paralelo, que demonstraram a produção adicional de cáries encontrada no limiar de deteção DI utilizando o ICDAS. É de notar que a definição vaga dos códigos dos Métodos Básicos da OMS significou que houve uma diferença na forma como os códigos foram interpretados em diferentes partes do mundo, particularmente no limiar em que a cárie é registada como presente ou ausente. Em particular, tem havido uma grande variação entre os inquéritos que devem ser codificados como "sã" ou "cárie", levando a dificuldades contínuas na comparação entre estudos que utilizam os critérios dos métodos básicos da OMS.

WHO CODES	ICDAS CODES	VISUAL DETECTION THRESHOLD
	00	Sound
0, A, Sound	01 02	Non cavitated (enamel caries visually)
	03	Surface Discontinuity

		(Enamel caries visually)
1, B (decayed crown)	05, 15, 25, 80–85 06, 16, 26, 86	Cavitated Obvious dentinal caries (visually)
2, C (filled and decayed)	All 2-digit codes starting with 3, 4, 5, 6 and ending 4, 5,or 6	
3, D (filled, no decay)	All 2-digit codes starting with 3, 4, 5, 6 and ending 0, 1 or 3 (see exception below for crowns/ abutments placed for reasons other than caries)	
4, E (missing due to caries)	97	
5 (permanent tooth missing for other reasons)	98	
6, F (sealant)	10, 20, 11, 21, 13, 23 – also WHO may include composite restorations restoring an investigated occlusal fissure to be in this category, i.e. some instances of codes 30, 31, 32, 33	
7, G (bridge abutment or special crown)	Any 2-digit code starting 6 and ending 0, 1, 2 or 3 and placed for some reason other than for caries, e.g. bridge abutment or because of trauma	
8 (unerupted)	99	

INVESTIGAÇÃO FUTURA E PRIORIDADES DE APLICAÇÃO

Prioridades de investigação

A Fundação ICDAS e o Comité ICDAS têm-se empenhado em definir uma agenda de investigação contínua, e esta é uma tarefa permanente que é actualizada e revisitada.

As prioridades claras para a investigação são as lacunas mundiais em termos de evidências sobre cáries adjacentes a restaurações e selantes e sobre a deteção fiável de cáries nas superfícies radiculares.

Prioridades de implementação

Existe um desafio internacional contínuo para implementar as provas que foram publicadas e conhecidas durante décadas neste domínio. Em alguns países e sistemas, estão bem estabelecidos métodos e abordagens modernos para a deteção clínica de lesões visuais que permitem uma gestão da cárie orientada para a prevenção. Noutros países e sistemas (frequentemente bem desenvolvidos), as barreiras à implementação são complexas e permanecem fortes. Esta área é, ela própria, uma prioridade de investigação, uma vez que, atualmente, em muitos países, a profissão de dentista pode ser acusada de "preferir tratar em vez de prevenir as doenças orais".

As actividades de implementação devem centrar-se nas diferentes necessidades das comunidades dentárias e públicas/intervenientes envolvidas na cárie, na sua prevenção e gestão nos domínios da prática clínica, da investigação, da saúde pública e da educação. A utilização contínua de exploradores/sondas afiadas sem benefício clínico e o conhecimento frequentemente limitado sobre a dinâmica das lesões cariosas precoces são prioridades a ultrapassar em muitas áreas, mas são boas práticas geralmente aceites noutros locais.[18]

A deteção de cáries no limiar D_1 _ D_3 mostrou diferenças significativas na concordância entre os examinadores entre os limiares de diagnóstico D_1 e D_3 , sendo os valores kappa mais elevados no limiar D_3 para dentes e superfícies ($p < 0,01$). Quando os critérios de limiar foram utilizados por examinadores principiantes, a sensibilidade média variou de 0,18 para a identificação de superfícies cariadas ao nível de D_3 e quando utilizados por examinadores experientes, a sensibilidade média foi de 0,52 para dentes cariados ao nível do limiar de diagnóstico D_3 do que ao nível do limiar D_1 . Não existe uma perda consistente na capacidade do examinador do inquérito para detetar a doença utilizando os critérios DSTM. Os valores médios de especificidade para o diagnóstico de cáries utilizando o limiar D_1 _ D_3 variaram entre 0,93 e 1,00 e foram significativamente mais elevados em D_3 do que em D_1 . O valor preditivo positivo, ou seja, a probabilidade de o dente estar realmente cariado quando o dente foi registado como cariado, variou entre 0,48 e 0,93 e foi consistentemente mais elevado no limiar de diagnóstico D_1 . O valor preditivo negativo, que dá a probabilidade de um dente ou superfície como estando livre de cáries estar efetivamente livre de cáries, variou entre 0,58 e 1,00 e foi consistente e significativamente mais baixo em D_1 do que em D_3 . O ponto importante a salientar, contudo, é que, embora os examinadores individuais tenham mostrado diferenças na reprodutibilidade intra-examinador de acordo com os critérios, foram encontradas poucas diferenças na sua capacidade de diagnosticar com um nível semelhante de reprodutibilidade em cada limiar de diagnóstico.[15]

Quando os critérios foram utilizados em condições invitro, a concordância entre os examinadores, de acordo com a estatística kappa, foi substancial, variando entre 0,62 e 0,65 no limiar de diagnóstico D_1 e D_3 , respetivamente. O estudo in vitro demonstrou valores de sensibilidade significativamente mais elevados no limiar de diagnóstico D_i do que os encontrados no limiar de diagnóstico D_3 , com a consequente perda de especificidade. No limiar de diagnóstico, a sensibilidade do DSTM foi maior do que no limiar D_3 , indicando que não houve perda de exatidão de diagnóstico no limiar D_i .[25]

Quando o limiar D_i _ D_3 foi utilizado na dentição decídua num estudo realizado por John. J. Warren et al, a fiabilidade entre examinadores para lesões cavitadas foi muito boa, com valores kappa superiores a 0,80. Por outro lado, a concordância percentual para as lesões d_i foi baixa e esta relativamente baixa deveu-se provavelmente aos critérios mais exigentes e complexos para as lesões d_i , bem como ao facto de os examinadores estarem menos familiarizados com estes critérios do que com os mais tradicionais. Apesar da menor concordância entre os examinadores, estes critérios são úteis na avaliação de lesões não cavitadas na dentição decídua. Valores Kappa de 0,82 no limiar D_i em comparação com 0,75 no limiar D_3 foram relatados por Derry que, num estudo anterior, alcançou um valor kappa de 0,8 para o limiar D_i examinando adolescentes escoceses. Outros examinadores obtiveram valores semelhantes in vivo em adolescentes e em crianças de quatro anos; foram também obtidos valores kappa in vitro de cerca de 0,7.[7,4i]

Utilizando o DSTM, foi demonstrado que o limiar de diagnóstico teve um impacto importante na prevalência de cárie registada, indicando o nível de subestimação dos níveis totais de cárie registados no limiar de diagnóstico D_3 e salientando a necessidade de o limiar de diagnóstico ser comunicado sempre que se discutem os dados de prevalência de cárie. Foi igualmente demonstrado que o limiar de diagnóstico também teve um efeito importante na avaliação das necessidades em matéria de saúde dentária e permitiu identificar e estimar a proporção da população estudada que necessita de cuidados preventivos e de restauração. Também é possível registar o limiar de diagnóstico D_2 , o que pode ser útil para quem avalia as tecnologias de diagnóstico da cárie, mas tem uma relevância limitada para a epidemiologia dentária convencional. [15]

O próximo critério que vamos discutir é sobre o limiar de diagnóstico OMS + IL. Quando o limiar de diagnóstico da OMS foi comparado com o limiar de diagnóstico OMS + IL em condições epidemiológicas, verificaram-se diferenças significativas na deteção de cáries em todos os grupos etários. As percentagens de resultados de exames epidemiológicos observados sob o limiar de diagnóstico da OMS com o limiar OMS + IL como referência variaram entre 23,59% para as superfícies cariadas e 95,64% para as dmfs. Registaram-se diferenças significativas entre o limiar da OMS e o limiar da OMS + IL quando realizado em ambiente clínico para todos os grupos etários. As percentagens de resultados de exames epidemiológicos observados com os resultados de exames em ambiente clínico como referência variaram de 76. 15% para a superfície cariada e 99,09% para os dmfs.[17]

A concordância média entre os examinadores, medida pela estatística kappa, foi de 0,88 para o limiar OMS+IL. Entretanto, os erros relevantes foram relacionados ao diagnóstico de LI, principalmente os isolados e contíguos aos selantes.[30] Uma das razões para os baixos resultados para a LI é o facto de serem resultados de cruzamentos entre todos os examinadores em relação a cada condição dentária específica. Provavelmente, resultados mais altos de Kappa poderiam ser obtidos se um grupo menor de examinadores participasse do estudo. O mau diagnóstico da LI pode ser justificado pelas dificuldades inerentes ao diagnóstico da LI, principalmente em condições epidemiológicas. Por essas razões, novas sessões de treinamento que incluam o uso de dentes extraídos com lesões de LI, bem como o uso de luz artificial durante os exames, devem ser recomendadas para melhorar o diagnóstico dos examinadores nessas condições específicas. [52]

Quando comparada com o limiar baseado no diagnóstico de cáries (OMS), a inclusão de IL nos inquéritos tem claramente um efeito importante na avaliação das necessidades de saúde dentária, uma vez que permite identificar e estimar a proporção da população estudada que necessita de cuidados preventivos e restauradores. A sua utilização deve ser devidamente indicada, uma vez que há situações em que a inclusão da IL aumentaria o valor dos dados do inquérito e outras em que o custo adicional não seria compensado por benefícios adicionais. Pode ser benéfico, por exemplo, incluir o IL em estudos que envolvam a história natural da cárie e o seu tratamento, a fim de demonstrar efeitos diferenciais entre diferentes formulações de agentes preventivos da cárie, como pastas dentífricas fluoretadas; e em ensaios clínicos ou em inquéritos realizados para planear programas de saúde oral. A inclusão dos LI nos inquéritos epidemiológicos é suscetível de estabelecer uma relação mais clara entre as estimativas epidemiológicas da prevalência da cárie dentária e as necessidades de tratamento.

Por outro lado, a inclusão de LI em inquéritos nacionais apenas para obter informações descritivas sobre a saúde dentária das populações não só seria muito dispendiosa, como também seria de menor valor aparente.[27]

IMPACTO DOS CRITÉRIOS DE DIAGNÓSTICO DA CÁRIE NAS ESTIMATIVAS DA PREVALÊNCIA DA CÁRIE

É importante compreender o impacto clínico e estatisticamente significativo que alterações aparentemente subtis na redação e utilização de critérios e convenções de diagnóstico podem ter nos resultados de investigações epidemiológicas. Para dar um breve exemplo do impacto dos critérios e convenções na prevalência, os dados do Inquérito de Saúde Dentária Infantil do Reino Unido são ilustrativos.

Este inquérito faz parte de uma série que tem sido repetida a intervalos de 10 anos, recolhendo dados ao nível de D_3 . Ao planear o inquérito, houve a consciência de que, mesmo quando se trabalhava no limiar de diagnóstico D_3 , ocorria uma variação na prática epidemiológica, com muitos centros a ficarem descontentes por excluírem da contagem de cáries as lesões dentinárias que, embora não apresentassem cavitação macroscópica na dentina suficiente para admitir a ponta de uma sonda dentária de dimensões especificadas, tinham uma clara alteração visível na cor, resultante da dentina cariada escura que brilhava através do esmalte translúcido como uma sombra cinzenta escurecida. Por conseguinte, em 1992, foi efectuada uma alteração na especificação dos critérios para o código clínico relevante utilizado na Associação Britânica para o estudo do programa coordenado de inquéritos epidemiológicos da Medicina Dentária Comunitária do Reino Unido para incluir a cárie dentária visual. Estes critérios têm sido utilizados com sucesso desde então. Os organizadores do Inquérito de Saúde Dentária Infantil do Reino Unido estavam interessados em atualizar os critérios de diagnóstico a utilizar em 2003, mas também estavam muito conscientes da necessidade de assegurar a "compatibilidade retroactiva" dos resultados com os dos inquéritos de 1993 e anteriores. A solução adoptada foi a de pontuar a cárie utilizando critérios que permitissem que os resultados fossem calculados como a melhor estimativa atual, ou seja, incluindo a cavitação da dentina e a cárie visual da dentina, ou como uma estimativa separada para permitir a avaliação das tendências na prevalência da cárie ao longo de décadas.

A inclusão do elemento visual nos critérios de cárie dentária resultou na duplicação da prevalência de dentes permanentes cariados aos 8 anos de idade e num aumento de 2,5 vezes aos 15 anos de idade. A mudança no resultado de um inquérito nacional que estima a proporção de crianças de 15 anos afectadas por cáries dentárias de 32% para 13% seria considerada de importância para a saúde pública e digna de notícia se fosse medida durante um período específico. O facto de se poder observar uma mudança de magnitude apenas como resultado da alteração do limiar de diagnóstico dos critérios utilizados por examinadores treinados e calibrados sublinha a importância dos critérios e do seu enquadramento.

O impacto dos critérios na prevalência da experiência global de cárie dentária nos três grupos etários foi mais modesto, mas ainda assim acentuado. Este impacto na medição da prevalência da cárie dentária estava, no entanto, relacionado com a idade e a dentição. Nos dentes decíduos com 5 anos de idade, houve pouca diferença. Estes resultados demonstram a necessidade de ser muito claro e consistente na definição e redação dos critérios de diagnóstico e na formação dos examinadores para a sua utilização.

IMPACTO DOS CRITÉRIOS DE DIAGNÓSTICO NA ESTIMATIVA DA EXTENSÃO DA CÁRIE

O impacto dos critérios nas medidas da extensão da cárie pode ser visto por referência às mudanças nas estimativas dos valores médios para o número de dentes ou superfícies afectadas em indivíduos típicos dentro de populações inteiras ou subgrupos. Por exemplo, valores entre D_3 MFS & DiMFS ou entre d_3 mft e d_3 mft. Os exemplos são os seguintes

INQUÉRITO DE 1998 SOBRE A SAÚDE DENTÁRIA DOS ADULTOS NO REINO UNIDO
Para o Inquérito de Saúde Dentária para Adultos de 1998 no Reino Unido, foi decidido assegurar a comparabilidade entre os dados contemporâneos relativos à experiência de cárie dentária recolhidos com critérios de cárie modernos, permitindo ao mesmo tempo a recolha de informações sobre tendências com critérios compatíveis com os utilizados décadas antes. Os critérios de diagnóstico finalmente utilizados neste inquérito foram definidos no limiar D_3 , tal como anteriormente nesta série de inquéritos. No entanto, desta vez incluíram um código adicional que permite qualquer cavitação grosseira, para além do código anteriormente utilizado para cáries de dentina cavitada nos inquéritos.

Uma comparação entre a exclusão e a inclusão das lesões clínicas visuais da dentina no inquérito aos adultos mostrou que, globalmente, a proporção da população com um ou mais dentes cariados ou insalubres mudou de 42% para 55% quando foram incluídas as pontuações visuais da cárie dentária.

Da mesma forma, quando a extensão da doença registada como o número médio global de dentes afectados

Esta estimativa aumentou em 50%, uma média de 1 para 1,5 dentes. O impacto desta alteração de critérios foi maior nos grupos etários dos adultos mais jovens, em que o número médio de dentes cariados e insalubres no grupo dos 16-24 anos duplicou, passando de 0,8 sem as lesões visuais de cárie dentária para uma média de 1,6 quando o novo código foi utilizado.

EUROCÁRIOS: UMA COMPARAÇÃO ENTRE OS
MÉTODOS EPIDEMIOLÓGICOS NOS MESMOS INDIVÍDUOS, NO MESMO DIA

O impacto das diferenças subtis, bem como das maiores, nos critérios de diagnóstico da cárie é mais acentuado quando se faz a comparação entre estudos realizados por diferentes equipas com formação diferente, mesmo quando pretendem seguir um padrão de diagnóstico comum. A necessidade de cautela ao comparar dados recolhidos com critérios de diagnóstico diferentes é ilustrada por um estudo que compara os resultados de nove examinadores treinados e calibrados, utilizando métodos estabelecidos de vários países europeus (todos considerados equivalentes aos métodos básicos da OMS) e dois novos sistemas clínicos, um dos EUA (Pitts, 2001). Cada examinador foi selecionado como examinador de referência responsável pela formação e/ou calibração de examinadores no seu país ou região. Avaliaram clinicamente os mesmos grupos de 10 crianças de 6 anos e 10 crianças de 12 anos num ambiente escolar. Mesmo ao padronizar todos os resultados para o limiar de diagnóstico D_3 , o intervalo para as estimativas médias de D_3 MFT para o grupo de 12 anos de idade foi de 2,9 a 5,1. Para o grupo de 6 anos de idade, a média d_3 mft variou de 2 a 3,2.

Apesar dos seus melhores esforços diligentes e profissionais, os nove examinadores dos "padrões de ouro" obtiveram uma fraca concordância entre si na estimativa da experiência de cárie quando utilizaram critérios supostamente comparáveis. O grau de variação nos valores de cárie em dentina foi inesperadamente elevado; os examinadores e os proponentes dos sistemas esperavam que todos os sistemas fornecessem estimativas muito semelhantes ao nível da cárie em dentina. Os sistemas que registam as cáries D_2 & D_1 também produziram uma grande variedade de estimativas. Os examinadores nem sequer chegaram a acordo quanto ao número de dentes que foram obturados. Este estudo demonstra que há necessidade de uma melhor harmonização nos pormenores dos critérios de diagnóstico, convenções e codificação, se se quiser alcançar a comparabilidade dos resultados entre regiões e países.

LIMIARES DE DIAGNÓSTICO DA CÁRIE E ESTIMATIVAS EPIDEMIOLÓGICAS DAS NECESSIDADES DE TRATAMENTO

O ímpeto para registar no limiar de diagnóstico D_1 vem do desejo de ligar as estimativas epidemiológicas da prevalência da cárie às necessidades de cuidados dentários não operatórios e operatórios em populações e grupos. Ao utilizar os dados epidemiológicos para fazer estimativas das necessidades de tratamento, deve primeiro estabelecer-se qual o limiar de diagnóstico que foi utilizado na recolha de dados e na notificação e, em seguida, ver como a informação obtida pode ser utilizada para avaliar as necessidades.

Mais uma vez, existem variações consideráveis entre países e dentro de cada país na avaliação das necessidades de tratamento. A abordagem de tratamento não operatório tem sido utilizada nos países escandinavos há décadas e representa a tendência em muitas outras áreas. No entanto, nalgumas partes do mundo, a filosofia mais tradicional, apenas restaurativa, ainda se mantém.

Os dados epidemiológicos terão de identificar e quantificar a proporção de lesões que necessitam apenas de cuidados não operatórios, bem como as que necessitam de cuidados não operatórios e operatórios. Em todas estas considerações, deve também reconhecer-se a necessidade de os clínicos adaptarem as decisões de tratamento a cada doente com as suas próprias necessidades, desejos e circunstâncias, bem como a dificuldade inerente e há muito reconhecida de estimar com precisão a necessidade de tratamento operatório a nível individual a partir de inquéritos[2] .

CAPÍTULO 6

CONCLUSÃO

Em conclusão, deve ser apreciado que a eficácia de um exame visual tátil de cáries depende fortemente do nível de diagnóstico de cáries utilizado. Na discussão anterior, analisámos a aplicação clínica e epidemiológica do exame visual tátil da cárie.

Um exame visual tátil da cárie que incorpore a avaliação da atividade de acordo com os critérios sugeridos por Nyvad et al é atualmente um dos critérios de escolha para a realização do diagnóstico da cárie. Estes critérios reflectem as actuais opções de gestão baseadas na evidência para as diferentes fases da formação da lesão de cárie. É importante salientar que os critérios têm valor preditivo para a atividade da lesão, o que significa que são altamente relevantes para a tomada de decisões clínicas. Os critérios podem ser aplicados a todas as entidades de cárie, incluindo a cárie da superfície radicular e a cárie recorrente.

O segundo critério é o sistema ICDAS, que foi concebido para satisfazer as necessidades da epidemiologia, da investigação clínica e da prática clínica. O conceito do ICDAS é que a sua adoção generalizada deverá conduzir a uma informação de melhor qualidade para fundamentar decisões sobre o diagnóstico, o prognóstico e a gestão clínica adequados, tanto a nível individual como de saúde pública. Trata-se de um sistema integrado de deteção e avaliação de cáries baseado na capacidade já demonstrada de realizar um exame clínico visual fiável de lesões tanto no esmalte como na dentina.

Um sistema de pontuação baseado na escala D_i - D_3 é uma necessidade nos estudos de investigação cariológica, pois permite a identificação do início, progressão e regressão da lesão. As questões de investigação sobre as condições em que as lesões iniciais progridem, regridem ou permanecem estáticas só podem ser respondidas com uma escala de medição desta natureza. A sua utilização exige uma formação meticulosa dos examinadores, uma vez que as lesões D_i são capazes de se remineralizarem em esmalte saudável, tornando-se difícil diferenciar o erro do examinador dos fenómenos naturais.

O sistema de pontuação visual universal (UniViSS) para a deteção de cáries tem em consideração os princípios básicos de diagnóstico dos métodos básicos da OMS, os critérios dados por Ekstrand et al e Nyvad et al, bem como os critérios do ICDAS. Este sistema é muito útil em contextos epidemiológicos, uma vez que o procedimento é simples e praticável e cada diagnóstico de cárie pode ser associado a uma estratégia de tratamento distinta.

Por último, mas não menos importante, o exame visual tátil das cáries é rápido e fácil de realizar, tanto em contextos clínicos como epidemiológicos, uma vez que não requer equipamento dispendioso e evita exposições injustificadas à radiação.

CAPÍTULO 7

RECOMENDAÇÕES

Devem ser realizados estudos de investigação para identificar protocolos com base científica que possam conduzir à obtenção de um elevado grau de fiabilidade entre os examinadores. Qualquer novo protocolo proposto deve definir os instrumentos, os métodos de utilização, a duração e a frequência da formação dos examinadores em estudos sobre a cárie dentária.

É necessário iniciar um programa de investigação para testar constructos-chave na deteção de cáries e desenvolver protocolos de exame que permitam aos investigadores alcançar um elevado grau de fiabilidade. Para atingir estes objectivos, a investigação futura deve abordar as seguintes questões:

(1) Que fase do processo de cárie deve ser medida em ensaios clínicos?

(2) Quais são as definições para cada fase do processo de cárie?

(3) Qual é a melhor abordagem, em termos de objetividade e consistência, que deve ser utilizada para detetar cada fase do processo de cárie em diferentes superfícies dentárias?

(4) Qual é o consenso sobre os protocolos de formação de examinadores que podem proporcionar o mais elevado grau de fiabilidade dos examinadores? [14]

CAPÍTULO 8

RESUMO

A cárie dentária é um processo dinâmico que resulta de processos metabólicos nos depósitos microbianos dos dentes. Dependendo do desafio cariogénico, as flutuações no pH da placa dão origem a perturbações no equilíbrio mineral na interface placa - dente. Se estes processos, ao longo do tempo, conduzirem a uma perda líquida de minerais do dente, desenvolve-se uma lesão de cárie. Como o equilíbrio entre o mineral do dente e o fluido oral circundante está constantemente a ser perturbado, o cálcio e o fosfato, dependendo das condições prevalecentes, dissolvem-se ou redepõem-se na fase mineral (a chamada "remineralização"). O desenvolvimento de uma lesão representa, portanto, um continuum de alterações que vão desde a primeira perda de iões minerais até uma lesão subsuperficial estabelecida de extensão variável (normalmente referida como lesão de "mancha branca"), que pode eventualmente progredir para uma cavitação franca.

Como já foi referido, os apelos para estudar e detetar lesões de cárie precoces foram feitos no século XIX e por G.V. Black em 1910. Nos últimos 20 anos, houve muitas tentativas de expandir os métodos utilizados para detetar e diagnosticar a presença de lesões de cárie. Contudo, o foco restrito na "perfuração e obturação" e a ideia errada de que as lesões de cárie precoces não podem ser medidas de forma fiável podem ter levado ao desenvolvimento de sistemas de critérios que distorceram a compreensão da epidemiologia, prevenção e gestão da cárie dentária.

Os sistemas de critérios desenvolvidos por diferentes autores basearam-se na inspeção visual ou na utilização de "exploração suave" ou de sondas exploradoras ou periodontais de extremidade cega para a deteção de cáries. Alguns dos sistemas de critérios exigiam o exame de dentes secos. Em geral, a validade do conteúdo dos sistemas de critérios desenvolvidos durante a década de 1990 foi superior à dos outros sistemas de critérios.

Existe uma variação substancial na definição do processo da doença e nos métodos utilizados para medir a cárie dentária em diferentes sistemas de critérios. Quando foram utilizados exploradores, os estudos variaram consoante o tipo de explorador, as forças com que o explorador foi utilizado e a formação dos examinadores. Quando as pontuações de fiabilidade foram comunicadas, os estudos mostraram uma concordância boa a excelente entre os examinadores. No entanto, nenhum dos estudos forneceu uma análise detalhada da fiabilidade para cada fase do processo de cárie.

[th]Durante o século XX, o termo "captura do explorador" tornou-se parte da tradição do diagnóstico de cáries. O desenvolvimento do consenso de 2001 dos NIH ao longo da vida concluiu que "a

utilização de exploradores afiados na deteção de cáries oclusais primárias parece acrescentar pouca informação de diagnóstico a outras modalidades e pode ser determinada". Parece haver uma variação entre os sistemas de critérios que descrevem se os dentes devem ser limpos ou secos antes de um exame. Alguns critérios estipulavam que os dentes deviam ser limpos com uma escova de dentes ou profissionalmente, enquanto outros recomendavam a limpeza através de um explorador. A maioria dos critérios listados não referia se os dentes eram limpos ou secos antes dos exames, embora não existam dados disponíveis para comparar a exatidão e a fiabilidade dos examinadores em relação a dentes limpos ou sujos ou secos ou húmidos, a deteção de sinais precoces de cárie não pode ser conseguida se os dentes não estiverem limpos e secos.

A dimensão dos impactos nas estimativas da prevalência, extensão e gravidade da cárie associadas à utilização de critérios de diagnóstico, mesmo que ligeiramente diferentes, levou os investigadores a fornecer um quadro para que indivíduos e grupos escolham critérios de diagnóstico adequados à tarefa em causa a partir de uma gama de "ferramentas" padronizadas que são apoiadas pelas melhores provas disponíveis. Também se verificou que os critérios de diagnóstico utilizados em epidemiologia, com especial referência ao limiar de diagnóstico e a quão pouco ou quanto da experiência total de cárie de um indivíduo ou de uma população é captada pela utilização de diferentes tipos de critérios. Assim, a análise dos dados resumidos nesta dissertação da biblioteca enfatiza a necessidade de definir um sistema de critérios para a deteção visual e visuo-tátil da cárie dentária que tenha validade de conteúdo com base na evidência científica atual e no consenso de especialistas nas áreas da cariologia e das ciências restauradoras.[14]

CAPÍTULO 9

BIBLIOGRAFIA

1) Clifford.M.Sturuvent, Roger.E.Barton, Clarence.L.Sockwell. The art and science of operative dentistry, 2nd edition, 1998.

2) Fejerskov, Edwina. A. M. Kidd, Cárie dentária: a doença e a sua gestão clínica. 2nd edition, 2008.

3) Ekstrand KR Melhorar a deteção visual clínica - potencial para ensaios clínicos de cáries. J Dent Res. 2004; 83 Suppl C: C67-71.

4) Nyvad B, Fejerskov O. Assessing the stage of caries lesion activity on the basis of clinical and microbiological examination. Community Dent Oral Epidemiol. 1997; 25(1):69-75.

5) Karishma Kazim, Sabrina Huda, Vanessa Kung, Amir Khadivi, Shu-Ming Peter Lam, Vanessa Hollander, Mary-Ellen Polymeris, Sean Gorendar, JT Mayhall. Os melhores métodos para a gestão de lesões coronais precárias, Universidade de Toronto.2000

6) Zandona AF, Zero DT. Ferramentas de diagnóstico para a deteção precoce da cárie. J Am Dent Assoc. 2006; 137 (12):1675-84;

7) Warren JJ, Levy SM, Kanellis MJ. Dental caries in the primary dentition: assessing prevalence of cavitated and noncavitated lesions (Cárie dentária na dentição decídua: avaliação da prevalência de lesões cavitadas e não cavitadas). J Public Health Dent. 2002; 62(2):109-14

8) N.B. Pitts. Are We Ready to Move from Operative to Non-Operative/Preventive Treatment of Dental Caries in Clinical Practice? Caries Res. 2004;38:294-304

9) Amarante E, Raadal M, Espelid I. Impacto dos critérios de diagnóstico na prevalência da cárie dentária em crianças norueguesas com 5, 12 e 18 anos de idade. Community Dent Oral Epidemiol. 1998;26(2):87-94

10) Usha Carounanidy e R Sathyanarayanan Cárie dentária: A complete changeover (Part II)-Changeover in the diagnosis and prognosis. J Conserv Dent. 2009; 12(3): 87-100.

11) M.C. Gonzalez, J.A. Ruiz, M.C. Fajardo, A.D. Gomez, C.S. Moreno, M.J. Ochoa, L.M. Rojas. Comparação do Índice def com os Critérios de Diagnóstico de Cárie de Nyvad em Crianças Colombianas de 3 e 4 anos de idade. Pediatric Dentistry. 2003; 25(2): 132- 6

12) Ismail AI. Diagnóstico clínico de lesões cariosas pré-cavitadas. Community Dent Oral Epidemiol. 1997; 25(1):13-23.

13) Fontana Margerita, Young .A. Dougals, Wolff .S. Mark, Pitts. B. Nigel, Longbottom Chirs. Definição de cárie dentária para 2010 e mais além. Dent Clin N Am 54(2010) 423-440.

14) Ismail AI. Deteção visual e visuo-tátil de cáries dentárias. J Dent Res.2004;83 Spec No C:C56-66.

15) Fyffe HE, Deery C, Nugent ZJ, Nuttall NM, Pitts NB. Effect of diagnostic threshold on the validity and reliability of epidemiological caries diagnosis using the Dundee Selectable Threshold Method for caries diagnosis (DSTM). Community Dent Oral Epidemiol. 2000; 28(1):42-51.

16) Nyvad B, Machiulskiene V, Baelum V. Fiabilidade de um novo sistema de diagnóstico de cáries que diferencia entre lesões de cárie activas e inactivas. Caries Res. 1999;33(4):252-60.

17) Kassawara AB, Assaf AV, Meneghim Mde C, Pereira AC, Topping G, Levin K, Ambrosano GM. Comparação de avaliações epidemiológicas sob diferentes limiares de diagnóstico de cárie. Saúde Bucal Prev Dent. 2007; 5(2):137-44

18) Monografias em Ciência Oral Editor: G.M. Whitford. Vol. 21 Deteção, Avaliação, Diagnóstico e Monitorização da Cárie, 2009.

19) Ismail AI, Sohn W, Tellez M, Amaya A, Sen A, Hasson H, Pitts NB. The International Caries Detection and Assessment System (ICDAS): um sistema integrado para medir a cárie dentária. Community Dent Oral Epidemiol. 2007;35(3):170-8.

20) Ekstrand KR, Martignon S, Ricketts DJ, Qvist V. Deteção e avaliação da atividade de lesões de cárie coronárias primárias: um estudo metodológico. Oper Dent. 2007; 32(3):225-35.

21) Ismail AI, Brodeur JM, Gagnon P, Payette M, Picard D, Hamalian T, Olivier M, Eastwood BJ. Prevalência de lesões de cárie não cavitadas e cavitadas numa amostra aleatória de crianças de 7-9 anos de idade em Montreal, Quebeque. Community Dent Oral Epidemiol. 1992; 20(5):250-5.

22) Santos AP, Soviero VM. Prevalência de cárie e fatores de risco em crianças de 0 a 36 meses. Pesqui Odontol Bras. 2002;16(3):203-8.

23) Pitts NB, Fyffe HE. O efeito da variação dos limiares de diagnóstico sobre os dados clínicos de cárie num grupo de baixa prevalência. . J Dent Res. 1988 Mar;67(3):592-6

24) Kuhnisch J, Goddon I, Berger S, Senkel H, Bucher K, Oehme T, Hickel R, Heinrich-Weltzien RInt J. Desenvolvimento, metodologia e potencial do novo Universal Visual Scoring System (UniViSS) para a deteção e diagnóstico de cáries. Investigação Ambiental em Saúde Pública. 2009; 6(9):2500-9.

25) Fyffe HE, Deery C, Nugent ZJ, Nuttall NM, Pitts NB. Validade in vitro do Método do Limiar

Selecionável de Dundee para o diagnóstico de cáries (DSTM). Community Dent Oral Epidemiol. 2000;28 (1):52-8.

26) Victor Ferras Wolwacz, Ana Chapper, Adair Luiz Stefanello Busat, Alcebiades Nunes Barbosa. Correlação entre os exames visual e radiográfico de lesões de cárie oclusais não cavitadas - um estudo in vivo. Braz Oral Res. 2004;18(2):145-9

27) Assaf AV, de Castro Meneghim M, Zanin L, Tengan C, Pereira AC. Efeito de diferentes limiares de diagnóstico na calibração da cárie dentária - uma avaliação de 12 meses. Community Dent Oral Epidemiol. 2006;34(3):213-9

28) Ismail AI, Sohn W, Tellez M, Willem JM, Betz J, Lepkowski J. Indicadores de risco de cárie dentária utilizando o International Caries Detection and Assessment System (ICDAS). Community Dent Oral Epidemiol. 2008;36(1):55-68.

29)   Peneva M. Atividade do processo de cárie. Jornal do IMAB. 2008; 2:75-78

30) Kuvvetli SS, Cildir SK, Ergeneli S, Sandalli N. Prevalência de lesões de cárie não cavitadas e cavitadas num grupo de crianças turcas de 5 anos de idade em Kadikoy, Istambul. J Dent Child (Chic). 2008;75(2):158-63.

31) Kuhnisch J, Berger S, Goddon I, Senkel H, Pitts N, Heinrich-Weltzien R.Deteção de cáries oclusais em molares permanentes de acordo com os métodos básicos da OMS, ICDAS II e medições de fluorescência laser. Community Dent Oral Epidemiol. 2008; 36(6):475-84.

32) Agustsdottir H, Gudmundsdottir H, Eggertsson H, Jonsson SH, Gudlaugsson JO, Saemundsson SR, Eliasson ST, Arnadottir IB, Holbrook WP. Caries prevalence of permanent teeth: a national survey of children in Iceland using ICDAS. Community Dent Oral Epidemiol. 2010;38(4):299-309

33) Diniz MB, Rodrigues JA, Hug I, Cordeiro Rde C, Lussi A Reprodutibilidade e precisão do ICDAS-II para deteção de cáries oclusais. Community Dent Oral Epidemiol. 2009 ;37(5):399-404.

34) Parisotto TM, Steiner-Oliveira C, De Souza-E-Silva CM, Peres RC, Rodrigues LK,Nobre-Dos-

Santos M. Avaliação de lesões de cárie cavitadas e não cavitadas ativas em crianças pré-escolares de 3 a 4 anos de idade: um estudo de campo. Int J Paediatr Dent. 2012;22(2):92-9.

35) Zandona AG, Al-Shiha S, Eggertsson H, Eckert G. Desempenho de estudantes versus professores utilizando um novo critério visual para a deteção de cáries em superfícies oclusais: um exame in vitro com validação histológica. Oper Dent. 2009 ;34(5):598-604.

36) Nyvad B, Machiulskiene V, Fejerskov O, Baelum V. Diagnosticar a cárie dentária em populações com diferentes níveis de fluorose dentária. Eur J Oral Sci. 2009;117 (2):161-8.

37) Braga MM, Mendes FM, Martignon S, Ricketts D N et al. Comparação in vitro do sistema de Nyvad e do ICDAS-II com o lesion activity assessment para avaliação da severidade e atividade de lesões de cárie oclusal em dentes decíduos. Caries Res. 2009 43(5): 405-412

38) M.M. Braga, L.B. Oliveira, G.A.V.C. Bonini, M. Bonecker, F.M. Mendes. Viabilidade do Sistema Internacional de Deteção e Avaliação de Cárie (ICDAS-II) em Levantamentos Epidemiológicos e Comparabilidade com os Critérios Padrão da Organização Mundial de Saúde. Caries Res 2009;43:245-249.

39) Shoaib L, Deery C, Ricketts DN, Nugent ZJ. Validade e Reprodutibilidade do ICDAS II em Dentes Primários. Caries Res 2009;43:442-448.

40) Diniz MB, Rodrigues JA, Hug I, Cordeiro Rde C, Lussi A. Reprodutibilidade e precisão do ICDAS-II para deteção de cárie oclusal. Community Dent Oral Epidemiol. 2009 Oct;37(5):399-404.

40) Jazrawi KH. Avaliação da prevalência de cárie dentária entre crianças de jardins-de-infância no centro da cidade de Mosul. Al-Rafidain Dent J. 2009;9(1):120-130.

41) J. Vdronneau, S. Tikhonova, N. Pustavoitava. DMFT e seus componentes entre adolescentes bielorrussos de 16 anos de idade usando os critérios de Nyvad e o sistema ICDAS. Caries Res. 2009;43:180.

42) Topping GVA, Chan K, Ekstrand K, Martignon S, Sohn W. Códigos de deteção ICDAS-II: General Dental Practitioners' Ease of Use and Confidence Ratings after Introductory Training (Facilidade de utilização e classificações de confiança dos médicos dentistas após formação introdutória). Caries Res. 2009;43:179-244.

43) Machiulskiene V , Veronneau J, Tikhonova S , Pustavoitava N , Baelum V , Nyvad B. Calibration Study in the Cree Community (Canada) of the Nyvad Criteria for Scoring Caries Lesion Activity. Caries Res. 2009;43:179-244

46) Sbllos MC, Soviero VM. Confiabilidade dos critérios de diagnóstico de cárie de Nyvad em dentes decíduos e permanentes. Eur J Oral Sci 2011; 119: 225-231.

47) Kolker JL, Sohn, Eckford J. Effectiveness of a Brief ICDAS Training Session on Dental Students' Ability to Classify Caries Lesions (Eficácia de uma breve sessão de formação do ICDAS na capacidade dos estudantes de medicina dentária para classificar lesões de cárie). Caries Res 2009;43(3):212-214.

48)   Kuhnisch J, Bucher K, Henschel V, Albrecht A, Garcia-Godoy F, Mansmann U,Hickel R, Heinrich-Weltzien R. Diagnostic performance of the universal visual

(UniViSS) em superfícies oclusais. Clin Oral Investig. 2011 Abr;15(2):215-23.

49)   Santiago EA, Ferreira Zandona AG, Eggertsson H et al. ICDAS para Monitorização do Tratamento Precoce de Lesões: Um Estudo Longitudinal. Caries Res. 2009;43:229-244

50)   Braga MM, Martignon S, Ekstrand KR, Ricketts DN, Imparato JC, Mendes FM. Parâmetros associados a lesões de cárie ativas avaliadas por dois diferentes sistemas de escore visual em superfícies oclusais de molares decíduos - uma abordagem multinível. Community Dent Oral Epidemiol. 2010;38(6):549-58

51)   Mitropoulos P, Rahiotis C, Stamatakis H, Kakaboura A. Desempenho de diagnóstico do sistema de classificação visual de cáries ICDAS II versus radiografia e tomografia micro-computada para deteção de cáries proximais: um estudo in vitro. J Dent. 2010;38(11):859-67.

52)	Kassawara AB, Tagliaferro EP, Cortelazzi KL, Ambrosano GM, Assaf AV, Meneghim Mde C, Pereira AC. Avaliação epidemiológica dos preditores de incremento de cárie em crianças de 7 a 10 anos: um estudo de coorte de 2 anos. J Appl Oral Sci. 2010;18(2):116-20.

53)	Kuhnisch J, Bucher K, Henschel V, Albrecht A, Garcia-Godoy F, Mansmann U, Hickel R, Heinrich-Weltzien R. Desempenho de diagnóstico do sistema de pontuação visual universal (UniViSS) em superfícies oclusais. Clin Oral Investig. 2011. Abr;15(2):215-23.

55)	J. Kuhnisch, D. Mach, R. Hickel, Ludwig-Maximilians. Os molares permanentes são os dentes mais susceptíveis à cárie em populações com baixo risco de cárie. Arquivos Europeus de Odontopediatria, Congresso da EAPD, 2010.

56)	Braga MM, Ekstrand KR, Martignon S, Imparato JC, Ricketts DN, Mendes FM. Desempenho clínico de dois sistemas de pontuação visual na deteção e avaliação do status de atividade de cáries oclusais em dentes decíduos. Caries Res. 2010 Jul;44(3):300-8.

57) Cadavid AS, Lince CMA, Jaramillo MC. Cárie dentária na dentição decídua de uma população colombiana de acordo com os critérios do ICDAS. Braz. oral res.2010 24(2):211-6.

58) Mendes FM, Braga MM, Oliveira LB, Antunes JL, Ardenghi TM, Bonecker M. Validade discriminante do International Caries Detection and Assessment System (ICDAS) e comparabilidade com os critérios da Organização Mundial de Saúde num estudo transversal. Community Dent Oral Epidemiol. 2010 Oct;38(5):398-407.

59) Jablonski-Momeni A, Ricketts DNJ, Weber K, Oiomek MK et al. Effect of Different Time Intervals between Examinations on the Reproducibility of ICDAS-II for Occlusal Caries (Efeito de Diferentes Intervalos de Tempo entre Exames na Reprodutibilidade do ICDAS-II para Cáries Oclusais). Caries Res. 2010; 44:267-271.

60) Ismail A. Níveis de diagnóstico no planeamento da saúde pública dentária. Caries Res. 2004;38:199-203.

61) Braga MM, Mendes FM, Ekstrand KR. Avaliação da atividade de deteção e diagnóstico de lesões de cárie dentária. Dent Clin North Am. 2010;54(3):479-93.

Printed by Books on Demand GmbH, Norderstedt / Germany